U0342745

高挡土板桩墙整体分析
模型与施工实践

顾明如　杜成斌　马志华 等　著

科学出版社

北京

内 容 简 介

本书共分 7 章，结合已建的板桩墙挡土高度为 11.7m 的泰州引江河第二期工程，经过多年的研究，提出了高挡土板桩墙整体分析模型及设计施工监测一整套先进方案，运用二维整体模型、三维整体模型对典型闸室段进行了精细化模拟，模拟结果与现场监测结果相互验证，弥补了软土地区复杂水网环境下高挡土板桩墙设计施工理论不成熟及缺乏设计经验的不足；建立了软土地基大变位高挡土板桩墙整体设计模型；提出了施工期板桩墙位移控制措施；提出了基于实测板桩墙体变形反演土层 m 值的力学模型，并结合多个工程实例研究得出长江下游粉砂土层和粉质黏土的 m 取值范围，弥补了有关规范在此方面的不足。

本书可供水利、港口航道工程领域的工程技术人员和科研人员以及高等院校水利工程专业及其相关专业的研究生、高年级本科生及教师参考使用。

图书在版编目 (CIP) 数据

高挡土板桩墙整体分析模型与施工实践/顾明如等著. —北京：科学出版社，2017.6

ISBN 978-7-03-053734-8

Ⅰ. ①高⋯ Ⅱ. ①顾⋯ Ⅲ. ①挡土桩-结构设计-研究 ②挡土墙-结构设计-研究 ③挡土桩-工程施工-研究 ④挡土墙-工程施工-研究 Ⅳ. ①TU473.2 ②TU476

中国版本图书馆 CIP 数据核字（2017）第 138694 号

责任编辑：李洺汁　曾佳佳 / 责任校对：桂伟利
责任印制：张　倩 / 封面设计：许　瑞

科学出版社 出版
北京东黄城根北街 16 号
邮政编码：100717
http://www.sciencep.com

三河市骏圭印刷有限公司 印刷
科学出版社发行　各地新华书店经销

*

2017 年 6 月第 一 版　开本：720 × 1000　1/16
2017 年 6 月第一次印刷　印张：10 1/4
字数：200 000
定价：79.00 元
（如有印装质量问题，我社负责调换）

前　　言

　　板桩墙是由向地基打入一定深度的直立板条状构件组成的用于抵抗侧向土压力、剩余水压力的墙体。随着工程施工地下沉槽工艺技术的发展，板桩墙的挡土高度越来越高，在码头、船坞工程中已建造很多挡土高度达 10m 以上甚至 15m 的板桩墙。为满足墙体自身的稳定和减少墙体变位，一般采用锚碇结构与墙体相连接加以固定。挡土板桩墙可用于岩基或者非岩基条件下，且在承载能力小的软基条件下更为合适。因板桩墙构造形式简单，不但能够减少作用在墙背上的侧向土压力，而且具有施工速度快、工期短、造价低、占地少、表面美观、适应局部超载能力强、耐久性好等特点，板桩墙已作为一种重要的水工结构形式，越来越广泛地应用于水运、水利、市政、建筑等工程领域。

　　高挡土板桩墙结构是由墙体、锚碇、拉杆等构件组成的受力体系，其作用的荷载主要有自重力、上部结构传递的荷载、侧向土压力、剩余水压力、波浪力等。土与板桩墙的相互作用机理是板桩墙结构受力计算的关键问题，在板桩墙与土相互作用过程中，板桩墙具有一定的挠曲变形，板桩墙与土的相互作用是弹性体与土体之间的相互作用。根据现行规范，拉锚板桩墙的计算方法主要有弹性线法和竖向弹性地基梁法。弹性线法主要适用于单锚板桩墙弹性嵌固状态的计算，而竖向弹性地基梁法则适用于单锚和多锚板桩墙的任何工作状态。两种计算方法均是以拉杆为界，将板桩墙和锚碇结构作为两个独立的脱离体，先通过板桩墙的计算确定拉杆拉力，再根据拉杆拉力来复核锚碇结构的稳定。规范基于 m 系数的内力计算结果偏大，板桩墙的最大变形偏小，与实际变形相差较大（有时达到 1 倍）。本书提出了单锚板桩墙结构的墙体、拉杆、锚碇结构的整体计算模型，并采用竖向弹性地基梁法对整体结构进行受力分析，以及单锚板桩结构的地基土、墙体、拉杆、锚碇结构的有限元整体计算模型，该模型有效考虑了板桩墙、土体和拉杆的相互作用，计算结果更接近高挡土板桩墙的实际工作状态。根据泰州引江河第二期工程二线船闸闸室和上、下游导航墙高挡土板桩墙结构的计算表明，运用二维整体模型、三维整体模型对典型闸室段进行精细化模拟，模拟结果与现场监测结果相互验证，理论计算与结构测试结果基本一致。采用竖向弹性地基梁法对板桩墙结构整体进行受力分析，一个重要参数是地基土比例系数 m 值的选取，现行规范给出的各土体 m 值的取值范围较宽，设计人员难以把握，m 值的选取偶然因素太多。本书结合实际工程土体性质及板桩墙变形情况进行反分析，提出了基于实测板桩墙体变形反演土层 m 值的力学模型，并结合多个工程实例研究得出长江下游粉砂土层粉砂 m 取值范围为 $2000\sim2800\text{kN/m}^4$，粉质黏土 m 取值范围为 $2700\sim3400\text{kN/m}^4$，弥补了有关规范在此方面的不足。

本书通过二维整体模型和三维整体模型对板桩墙结构受力进行精细化模拟，且三维有限元模拟结果、二维模拟结果与现场实测结果均较为一致，准确地预测施工期不同阶段锚碇桩、板桩墙的变形以及拉杆的内力变化情况。基于二维整体模型和三维整体模型模拟结果及现场监测结果，进一步研究提出软土地基大变位高挡土板桩墙拉杆布置高程、间距，锚碇桩的优化布置方式，墙前撑梁的建议断面尺寸，以及板桩墙的施工顺序，墙前、墙后、锚碇平台土体开挖和填筑先后顺序及施工过程中的位移控制措施等。

参加本书编写的人员有：顾明如、杜成斌（第 1 章），张福贵、徐莉萍（第 2 章），杜成斌、赵文虎（第 3 章），江守燕、钱祖宾（第 4 章），王翔、刘建龙（第 5 章），顾明如、肖强（第 6 章），马志华、孙立国（第 7 章）。本书弥补了软土地区复杂水网环境下高挡土板桩墙设计施工研究理论不成熟及缺乏设计经验的不足。

本书尽管针对软土地区复杂水网环境下高挡土板桩墙设计、施工、受力分析等作了大量的研究和归纳总结，但受所掌握的资料和知识水平的限制，书中难免有不足之处，恳请读者和同行批评指正。

作　者

2017 年 1 月

目　　录

第1章　高挡土板桩墙研究进展

1.1　概　　述

板桩墙是由向地基打入一系列一定深度的板状桩形成的直立墙体。挡土高度 10m 以上的板桩墙，一般称为高挡土板桩墙。墙体上一般都采用锚碇结构加以固定。作为一种重要的水工建筑形式，板桩墙被广泛地应用在沿江沿海地区，它不仅可以用于建造港口码头工程，也可以用于船坞、船闸及基坑支护等挡土工程[1-4]。

1.1.1　板桩结构特点

挡土板桩墙本质上是以板桩墙作为挡土结构的，也就是作为承受土压力的构件。板桩式挡土墙可用于岩基或者非岩基条件下，且在承载能力小的软基条件下更为合适。板桩墙构造形式简单、用料省、构件能够拼装，与常规的砖、石、混凝土、钢筋混凝土挡土墙相比，不但能够减少作用在墙背上的侧向土压力，而且施工速度快、工期短、造价低、占地少、表面美观、适应局部超载的能力强、耐久性好，多用于浸水环境下船闸和船坞的岸墙以及临时工程的基坑开挖防护。

相对于重力式码头，板桩码头对地基条件要求相对较低，满足了一些软基地区修筑码头的要求。上海、天津、河北、广东和江苏等地许多码头都采用此种结构形式，仅在码头工程方面，新中国成立以来，据不完全统计，建设的板桩码头就有 300 多个泊位。板桩结构不仅适用于码头工程，还可以用于船闸闸墙和船坞坞墙、护岸、围堰等挡土、挡水工程。

1.1.2 板桩结构的受力和变形特点

作用在板桩码头上的荷载有很多种，包括自重力、上部结构传来的力、波浪力、侧向土压力、剩余水压力等，板桩墙与土的相互作用是板桩挡土结构计算的关键问题。

在板桩墙与土的相互作用中，板桩墙具有一定的挠曲变形，假设板桩墙为绝对刚体进行计算是不合理的。板桩墙与土的相互作用是弹性体与土体之间的相互作用，应该按照板桩墙与土相互作用的分析方法进行分析计算。此外，拉锚板桩结构还承受锚碇结构的拉力作用。

1.1.3 板桩结构的建设实践及发展趋势

我国在 20 世纪 60 年代以前，建成板桩码头 40 座左右，绝大多数为钢筋混凝土结构，少部分为钢板桩结构，码头总岸壁长 5958m。结构形式均为拉锚板桩码头，板桩码头均为千吨级以下中小型码头，这些码头的建成使我国在板桩码头的设计和施工方面积累了一定的经验。

20 世纪 70 年代又建设了 39 座板桩码头，其中 31 座为钢筋混凝土结构，8 座为钢板桩结构，岸壁长 6754m。结构形式除拉锚式外，还建成多座斜拉桩式板桩码头，码头发展到万吨级。随着地下连续墙技术的发展，板桩码头向前迈进了一大步，更高吨位的单锚板桩码头建成。

20 世纪 80 年代和 90 年代建成板桩码头 49 座，其中 21 座为钢筋混凝土板桩结构，16 座为钢板桩结构，2 座为格型钢板桩结构，10 座为地下连续墙板桩结构，码头岸壁总长 15792m。主要集中于广东沿海、河北京唐和长江下游等地区，最大码头为 5 万吨级。地连墙式板桩结构的成功应用，为我国板桩式码头的建设开创了新局面。

近 20 年来，我国板桩码头的建设技术又取得了新的进展，主要是板桩码头的大型化、深水化引起的高板桩墙结构的兴起。新的结构形式，如遮帘式、卸荷式等新型结构形式的推出，使得板桩码头的状况发展到建设了一批 10 万吨级的深水码头。同时，施工工艺和技术也有新的发展，例如，拉杆结构由传统的焊接拉杆发展到采用新工艺制作，拉杆材质、直径均较以前有大的突破；施工机械现代化使得施工建设速度突飞猛进。这些变化也给设计、施工和监测带来新的问题，例如，板桩泥面变位超过 1cm 后，规范规定的 m 系数取值具有较大的随意性，需要进一步去研究有关问题，完善已有规范、模型和方法。

与国内情况相比，板桩码头在国外的运用非常普遍。日本大部分码头采用钢板桩结构，他们认为板桩结构比其他结构形式经济且施工简单；在欧洲国家，几乎所有的码头都采用板桩结构。

我国经过了近 70 年的建港历史，目前水深、地基条件好的港址已经所剩无几，现在正面临在滩涂、浅滩、粉砂质海岸和淤泥质海岸大量建港的形势，可以预言，今后板桩墙码头形式在我国的应用会越来越广泛，但同时会给设计、施工和科研人员带来一些挑战性的课题。

1.2　挡土板桩墙的结构形式

板桩式挡土墙包括板桩墙和锚碇墙两大类，板桩墙是指板桩要打入基坑底面较深的情况，如钢板桩墙、钢筋混凝土板桩墙、木板桩墙等，它们的主要构件是立板，附属构件有支撑（或称横撑）、拉杆等；锚碇墙是指板桩仅进入基坑底面以下较浅的情况，如锚桩墙、锚板墙、锚杆墙等，它们的主要构件也是立板，附属构件有立柱、拉杆、锚杆、锚碇构件等[1]。

1.2.1　挡土板桩墙的构造

典型的挡土板桩墙结构由前墙、拉杆和锚碇结构三大部分组成[2]。前墙可以采用钢筋混凝土板桩结构、预应力钢筋混凝土板桩结构、现浇地下连续墙结构、预制地下连续墙插板结构和钢板桩结构。钢板桩断面包括 U 型、Z 型和工字型（H 型）等多种形式及各种组合型钢板桩，如 HZ/AZ 型等。板桩墙一般由断面和长度相同的板桩组成，也可采用长短板桩组合、主辅板桩组合和主桩挡板组合等形式。板桩墙上部设导梁、冒梁或胸墙。导梁是用来将板桩墙的力传给拉杆，冒梁是将各板桩连成整体。当导梁与帽梁离得很近时，可将导梁和帽梁合二为一，称为胸墙。

锚碇结构，可采用现浇或预制钢筋混凝土锚碇板、钢桩或钢板桩，现浇或预制钢筋混凝土锚碇墙，现浇或预制的钢筋混凝土锚碇桩或板桩，现浇或预制地下连续墙，现浇或预制的钢筋混凝土连续叉桩和钢叉桩等。钢筋混凝土桩、板桩、钢桩、钢板桩、钢筋混凝土叉桩和钢叉桩的上部应有冒梁、导梁或两者合一。

前墙与锚碇结构之间用拉杆连接，拉杆可采用钢拉杆和钢绞线材料制作。凡需设置锚碇墙的板桩式挡土墙，其拉杆一般通过张紧器固定在墙体破裂面后一定距离以外的锚碇墙上。拉杆的长度、锚碇墙的位置及高度由整体稳定条件计算确定，拉杆的直径根据所承受的拉力计算确定，锚碇墙的厚度由强度计算确定。对于暴露在空气、水体及土层中的钢板桩、拉杆、张紧器等钢质构件，应根据其环境条件考虑增加在设计使用年限内可能引起的腐蚀量。

板桩式挡土墙无论有无锚碇墙，都易产生较大水平位移，因此应进行变形验算。如果按照结构的使用要求，即使水平位移稍大，可能也不影响结构的使用，但从钢筋混凝土结构来说，如果水平位移较大，其强度即受到影响。通常墙顶水平位移可按结构的使用要求控制，入土点墙体水平位移按不大于 10mm 控制；对于有锚碇墙的结构，由于其结构体系在不同的施工阶段受力是不同的，还需要验算不同施工阶段的结构变形。

有锚碇墙的结构比较复杂，在施工中有体系转换的过程，因此计算应考虑体系转换过程引起的受力变化；一般来说，在尚未形成锚碇墙结构前，板桩受力可按悬臂结构计算，一旦形成锚碇墙结构后，板桩上部受到拉杆作用，拉杆所受到的拉力又传递到锚碇墙上，此时锚碇墙的受力又相当于埋在土里的弹性地基梁。

1.2.2　挡土板桩墙的分类

1. 按主体结构材料分类

挡土板桩墙按主体结构即板桩（立板、挡板）的材料可以分为木板桩、钢板桩和钢筋混凝土板桩[2, 3]。

很早以前工程上曾经用过木制板桩，木板桩墙由板桩、标桩和导木所组成，导木是用做保证板桩垂直打入的，通常设立两道，用以固定导木的标桩，在沿墙的长度上每隔 2.5～4m 的间距打一道[4]。由于需耗用大量木材、强度低、耐久性差、来源不足，只能用于小型工程，现已很少使用。

挡土板桩墙的合理使用范围大多是进行基坑开挖和坡面支护，由于基坑开挖都是临时性的，可采用钢板桩；对于需要进行永久岸坡、路基、堤防等工程的加固处理，则常采用钢筋混凝土板桩。

钢板桩的优点是重量轻、强度大、结合严密、不漏水，且有定型产品选用，可多次重复使用，施工简便且速度快，节约工期，比较经济，有利于短期施工的情况。当永久工程采用钢材料制作构件时，必须对钢材采取有效的防腐蚀处理措施。

钢板桩种类很多，主要分为平板型和格构型（组合式、波浪式、圆形等）两种。水利水电和桥梁工程的围堰及楼房工程的深基础开挖，要求挡水（土）深，多使用格构型钢板桩。图 1-1 所示为天津彩虹大桥工程中的格构型钢板桩，最大桩深达 8m[5]；而楼房工程的浅基础开挖多使用平板型钢板桩。平板型钢板桩防水和轴向受力性能良好，比格构型易于打入土中，但侧向抗弯强度较低，仅适用于土质较好和深度不大的基础工程。

钢筋混凝土板桩墙主要用于永久边坡的加固处理，也可用于基坑开挖临时边坡支护。在锚碇结构板桩墙中几乎全部应用钢筋混凝土板桩。钢筋混凝土板桩的优点是可以承受较大的外力、支护高度大、耐久性好、用钢量较少、成本较低，其缺点是所需配套设施多、施工较慢。

图 1-1 天津彩虹大桥工程中的格构型钢板桩[5]

对于采用钢筋混凝土预制的构件,为使混凝土具有更大的强度和耐久性,必要时可采用预应力钢筋混凝土结构。预应力钢筋混凝土板桩的特点是支撑分层多,对入土深度要求不高(比钢板桩要求浅)。预应力钢筋混凝土板桩耐久性较好、造价较低,但由于起重能力的限制,断面尺寸不能太大,抗弯强度较低,适用于挡土要求不高的工程结构。

2. 按施工方法分类

挡土板桩墙按墙身施工方法可分为打入式板桩和现浇地下连续墙。

打入式板桩施工程序简单、施工进度快,但在临水环境中易腐蚀,需做好防腐。采用打入式预制构件施工时,可选用钢筋混凝土预制板桩或钢板桩结构,考虑到刚度要求和施工方便,钢筋混凝土预制板桩厚度不宜小于 0.3m,折线型钢板桩的厚度不宜小于 12mm。

地下连续墙断面可大可小,大断面的地下连续墙抗弯能力较强,能适应大型船闸和码头的建设。图 1-2 为白鹤滩左岸导流隧洞进口围堰的断面图[6]。围堰采用预留岩埂与顶部加重力式混凝土围堰挡水的结构形式,堰顶宽 3m,堰顶高程 626.0m,混凝土堰底高程约 605.0m,岩埂堰底高程 585.0m,最大堰高(混凝土+岩埂)41.0m。对于地下连续墙的厚度,如果过于单薄,钢筋骨架不易放入,根据一些工程的施工经验，最小厚度应在 0.4m 以上。

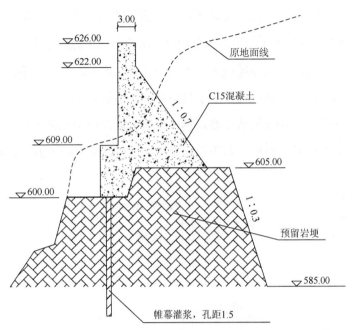

图 1-2　白鹤滩左岸导流隧洞进口围堰断面图（单位：m）[6]

遮帘式板桩码头的遮帘桩采用现浇地下连续墙是最为经济合理的，当无条件施工地下连续墙时，如天然地面高程低，无条件陆上施工地下连续墙时，也可采用打入钢板桩等作为遮帘桩，但造价高昂；钢筋混凝土预制桩则因起重能力的限制，断面不可能很大，难以满足大刚度的要求。

3. 按支撑方式分类

挡土板桩墙按照支撑方式分为无支撑（悬臂）式、内支撑式和外支撑式；内支撑式又可分为单层支撑、双层支撑和多层支撑；外支撑式又可分为锚桩式、锚板式和锚杆式。

1）无支撑（悬臂）式板桩墙

无支撑（悬臂）式板桩墙只有板桩自身，也就是只有立板（挡板），无其他任何构件，见图 1-3。板桩如同埋入土中的悬臂梁（板），结构简单，它是靠自身较长的入土深度（基坑以下深度）来维持整个结构平衡，就基坑开挖来说，属无障碍施工，施工空间大，进度快，可抢工期，但适应高度小，一般用于 8m 以下基坑深度较为经济，其入土深度为悬臂长度（基坑以上高度）的 1.0～1.2 倍。护壁超过 8m，会大大增加入土深度，护壁越高，固端弯矩将急剧增大，入土深度增长的倍数越大，所需的立板厚度越大，不但造成打桩困难，而且很不经济，桩顶变位也会变得很大，故此种结构多用于自由高度很小的情况。

无支撑（悬臂）式板桩墙主要以钢板桩为代表，用于临时工程，通常都采用工厂生产的定型产品钢板桩。对于钢筋混凝土板桩，立板由 C20～C30 钢筋混凝土预制而成。

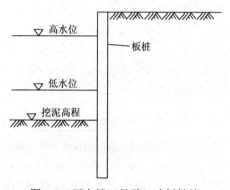

图 1-3　无支撑（悬臂）式板桩墙

2）内支撑式板桩墙

内支撑式板桩墙是在基坑内用原木、方木、钢管等作为支撑，用方木、槽钢等作为立柱，将基坑两侧的立板支撑牢固。其稳定性主要由支撑来维持，所以它由支撑（横撑）、立柱和立板（挡板）构成。内支撑是在施工过程中，随着基坑的挖深，由上而下分层设置的。由于支撑作用，可提高立板的承载能力，有效减小板桩的入土深度和立板厚度。内支撑式板桩墙通常可以支护 15m 以下的坡壁，其墙后压力通过立板传给立柱，再由立柱传给支撑，依靠支撑对基坑两侧的支撑力维持平衡。但这种内支撑严重影响基坑施工，尤其不利于机械作业，故大多只用于宽度和深度都较小的场合，如直立式的管沟、地沟、廊道、基础等的开挖或者用于桥墩、水利工程等深度较大的场合施工。多层支撑主要以人力和小型机械施工为主，结构形式见图 1-4。当基坑较浅时也可采用单层支撑，见图 1-5。

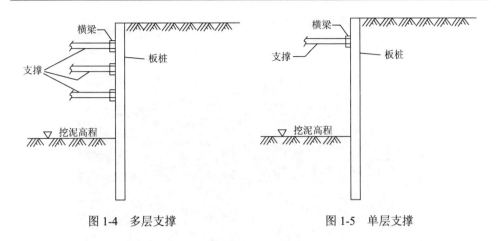

图 1-4　多层支撑　　　　　　　　　　　图 1-5　单层支撑

　　内支撑式板桩墙主要以钢板桩为代表,用于临时工程,通常采用工厂生产的定型产品钢板桩,支撑多采用单层或双层支撑,基坑较深时采用多层支撑。对于钢筋混凝土板桩,立板由 C20~C30 钢筋混凝土预制而成。图 1-6 所示为广深港高速铁路番禺标段中的单层支撑板桩墙[7],施工总计 636 个成台,钢板桩长度有 7m、9m、12m 三种循环使用,每个成台需钢板桩约 73t,循环使用十余次,效果良好。图 1-7 所示为阜六铁路颍河特大桥围堰工程中的多层支撑板桩墙[8],施工中采用多层支撑,先后战胜了 8 次强力涌水,抵御了 2010 年"9·13"特大洪水的袭击。

图 1-6　广深港高速铁路番禺标段中的单层支撑板桩墙[7]

图1-7 阜六铁路颍河特大桥围堰工程中的多层支撑板桩墙[8]

3）外支撑式板桩墙

外支撑式板桩墙统称为锚碇式挡土墙，永久工程及临时工程均可使用，其立板通常都是钢筋混凝土结构，可用于护壁高度 6～15m 的护坡或基坑开挖，基坑宽度不受限制，能够采用大型机械进行施工，可提高施工效率，节约工期，减小立板厚度。但外支撑系统设置比较麻烦，技术要求较高。外支撑式锚碇墙由立板（挡板）、连接构件、拉杆（或锚杆）、稳定构件（锚桩、锚板、灌浆结构等）构成，其墙后土压力通过立板传给拉杆（锚杆），再由拉杆（锚杆）传给稳定构件，靠稳定构件的足够抗拔力保持整个结构平衡稳定。根据外支撑形式的不同，有不同的使用功能。

（1）锚桩式挡土墙

锚桩式挡土墙一般用于墙后不开挖的场合，即板桩打入后，墙后底面保持不变，见图1-8。建筑高度可达 10m 以上，由立板（或称挡板）、冒梁、拉杆、锚桩等构件组成。这种形式的挡土墙，挡板是挡土的承压构件，挡板采用 C20～C30 混凝土预制而成；冒梁是连接构件，该形式板桩墙可用于永久结构，也可用于临时结构；永久结构为现浇钢筋混凝土梁或预制钢筋混凝土梁，临时结构可用槽钢或工字钢制成；在板桩墙顶以下 30～50cm 处设水平拉杆，拉杆是水平传力构件，一般采用套丝粗圆钢、钢管、钢筋束等制成，用做永久工程时应进行防锈和防腐蚀处理；拉杆末端设竖直锚桩，依靠锚桩的抗力保持力的平衡，锚桩应与拉杆垂直，它是最终受力构件，依靠它足够的抗拔力来确保结构整体稳定，通常采用预制或现浇混凝土桩，临时工程也可用槽钢或工字钢制成。拉杆是独立受力构件，根据受力大小水平间距为 1～4m，锚桩可以是独立的或连续的，当为独立的锚桩时，其间距和拉杆相同。

锚碇桩是桩结构，其受力特点与锚碇板有本质的区别，拉杆与其连接的锚碇点在锚碇桩的上部，桩的抗力上半部为正值（力的方向为远离闸室），下半部为负值（力的方向为朝向闸室），变形特点与锚碇板也有本质的区别，上半部向前变位，下半部向后变位。

泰州引江河第二期工程二线船闸闸室导航墙即采用锚桩式挡土墙[9-11]。

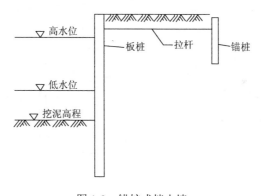

图 1-8　锚桩式挡土墙

（2）锚板式挡土墙

锚板式挡土墙主要用于永久结构，适用在墙后为人工填土的支挡结构，随着钢筋混凝土面板墙施工的不断上升，由下而上分层进行填土和夯实，在填土施工的同时按要求设置支撑，板桩打入以后，根据支撑层数的多少，随着墙后填土的不断升高而设置，通过拉杆将立板和锚板连为一体，并依靠锚板的抗力维持结构平衡。挡土高度应在 15m 以下，墙后多层支撑为基坑开挖提供较大空间，可改善施工条件，便于机械作业，加快施工速度，在公路、铁路、桥梁、水利、码头、房屋建设中得到广泛使用。

图 1-9（a）为 1982 年建成的长沙井湾子湖南省煤炭工业厅招待所的前坪广场中的一段挡土墙[12]。该工程全长 20m，墙高 6.5m，分上下两级，全墙按三单元整体墙面建造，竣工两年后最大水平位移 4.3cm，最大沉降 16cm，实测拉杆拉力在设计范围内。墙邻市区街道，墙面美观大方，全墙庄重稳固。该工程与重力式片石挡土墙比较，节省圬工约 70%，降低造价约 20%。

图 1-9（b）为北京西北环线 321 锚碇板挡土墙[12]。该工程墙高 5m，墙长 30m，设四层拉杆，上短下长。立柱间距 2m，锚碇板 0.6m×0.6m，槽板长 1.92m，板宽 0.6m，立柱断面 0.35m×0.3m。该工程于 1977 年竣工，至今使用情况良好。

图 1-9（c）为武昌铁路车站引出线锚碇板挡土墙[12]。该车站第四站台外侧需增加两股道，外侧除了密集的楼房外，还有一条简易公路。另外在一段 94m 长的

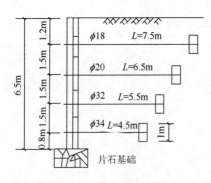

(a) 湖南省煤炭工业厅招待所前坪广场
的锚碇板挡土墙

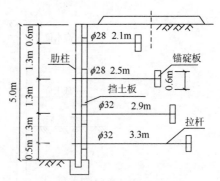

(b) 北京西北环线321锚碇板挡土墙

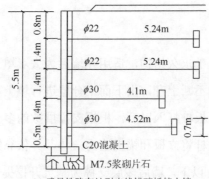

(c) 武昌铁路车站引出线锚碇板挡土墙

图 1-9　已建成的锚碇板挡土墙工程断面图[12]

填土下部有淤泥质软黏土层，厚 1.5~2.0m，上部硬壳 1~1.5m。在这种地形复杂
又有软弱基础的情况下，经过方案比较，认为采用锚碇板结构是合理的。该工程
于 1982 年建成，至今运营良好。

目前已建成的锚碇板挡土墙较多，大多使用情况较好，均达到了设计要求。

锚板式挡土墙由面板（或称立板、挡板、挡土板）、立柱（或称肋柱）、
基础、连接件、钢拉杆、锚板等构件组成，这些构件与其间的填筑料共同形
成受力整体，有平拉和斜拉两种形式，见图 1-10 和图 1-11。在共同受力整体
内部，墙背上的侧向土压力、拉杆的拉力、锚板的抗拔力等相互作用的内力
保持静力平衡，确保系统结构稳定。当然还有周围边界传来的外部压力、摩
擦力等也必须处于平衡状态，维持整体稳定，避免滑动、倾覆、变形的发生。

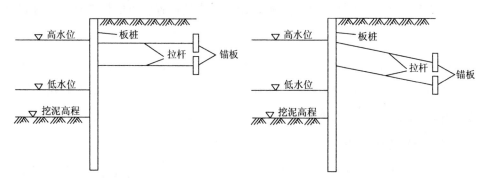

图 1-10　锚板式挡土墙（平拉）　　　　图 1-11　锚板式挡土墙（斜拉）

这种形式的挡土墙，挡板是挡土的承压构件，挡板采用 C20~C30 混凝土现
浇或预制而成；连接件是连接构件，一般采用厚钢板、槽钢或工字钢制成；拉杆
是传力构件，通常由粗螺纹钢筋或镀锌钢管制成，水平间距 1.5~4m，上下排距 2~
5m；拉杆末端设锚板，锚板一般为钢筋混凝土构件，可设置为长条形或方形，靠
锚板的抗拔力来平衡结构系统；拉杆是独立构件，可以随着墙后填土的上升而多
层布置，根据受力大小，水平及竖向间距均为 2~4m。墙后填土应按要求分层填
筑并夯实。

板桩墙面板不需要打入天然地层，但应有一定的埋深，完全靠锚板维持稳定。

面板基础为混凝土结构，通长设置，设置基础的目的是将面板传下的力分散，以适应地基承载力的要求。锚碇板是刚度较大的板结构，呈间断设置，拉杆与其连接的锚碇点应在板的抗力重心附近，锚碇板前的抗力均为正值（力的方向为向地面一侧）；当各个锚碇板连续起来时，称为锚碇墙。锚碇板一般采用现浇混凝土结构，也可采用由预制钢筋混凝土板安装而成的连续墙，此时需在墙后设置连续导梁。

锚碇板和锚碇墙可现场安装在碎石垫层上。常用的形式为平板、双向梯形板或 T 形板，T 形板可采用横肋或竖肋。锚碇墙可采用矩形或梯形截面，也可采用 L 形截面。锚碇板和锚碇墙的设置高程，在施工条件允许的情况下，应尽量放低，以求争取更大的墙前被动抗力，因为其位置越低，可获得的被动土压力就越大；同时其位置越低，拉杆的位置就越低，即锚碇点的位置就可能做得越低，有利于减小前墙的正弯矩。

锚碇板和锚碇墙应预留拉杆孔，其位置应尽量与被动抗力的合力作用点相一致，被动抗力的极限情况应是被动土压力，因此，可近似取拉杆孔与作用在锚碇墙（板）上的土压力合力作用点重合，孔的斜度应与拉杆方向一致。

（3）拉杆式挡土墙

拉杆式挡土墙主要由预制的钢筋混凝土立柱和挡土板构成墙面、与水平或倾斜的钢拉杆联合作用支挡土体，主要靠埋置在岩土中的拉杆抗拉力拉住立柱保证土体稳定，见图 1-12 和图 1-13。

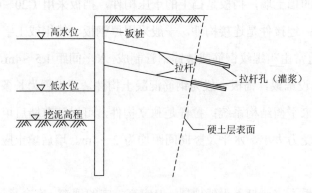

图 1-12　拉杆式挡土墙（硬土层）

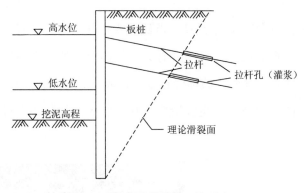

图 1-13 拉杆式挡土墙（均质土）

图 1-14 为淮安三线船闸采用的拉杆式挡土墙闸室断面图[13]。淮安三线船闸闸位设计根据枢纽地形地物情况，经多个方案布置论证后，最终推荐闸位为两闸中心距 66.5m 方案。该方案占用土地较少，但与一线船闸较近，不能进行大开挖施工，且上游引航道受一级防洪大堤的制约，不允许进行常规的大开挖施工。设计时采用了 Z 型钢板桩加多层分散压缩型土锚背拉式闸室墙结构。图 1-15 为京福高速公路南平段 NA4 锚索挡墙[14]。该段为高边坡，边坡高度最高 40.8m。边坡地层深度大，且存在软弱夹层，边坡稳定性差。下部全风化呈土状砂岩，厚约5m，其下为碎块状强风化砂岩夹有砂土状强风化砂岩。坡体深部为弱-风化岩。为了确保高速公路的路堑稳定和路基安全运营，福建省交通规划设计院、中铁西北科学研究院在该处设计了以预应力锚索为主，结合浆砌石挡土墙的综合处

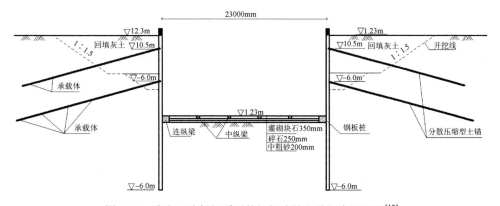

图 1-14 淮安三线船闸采用的拉杆式挡土墙闸室断面图[13]

理措施[15]。图 1-16 为张家口某高速公路路堑支护使用的拉杆式挡土墙[16]。该路段土层情况为泥质页岩层，颗粒中含有大量的黏土，处于半固结状态，容易发生泥化、崩解，抗剪强度低。该标段路基设计成 1∶0.5 的边坡。考虑到路堑开挖和爆破施工可能对边坡的稳定性造成不利的影响，因此决定对该路堑采用拉杆挡土墙进行防护。

图 1-15　京福高速公路南平段 NA4 锚索挡墙[14]　　　图 1-16　张家口某高速公路路堑支护使用的拉杆式挡土墙[16]

　　这种形式的板桩墙建筑高度可达 15m 以上，由立板（挡板）、连接件、拉杆、锚固体等组成，挡板是挡土的承压构件，可用于永久工程加固和临时边坡支护，挡板采用 C20～C30 钢筋混凝土现浇而成；连接件是连接构件，一般采用厚钢板、槽钢或工字钢制成；拉杆是传力构件，通常由粗螺纹钢筋或钢管制成，拉杆末端应设端板或弯钩，靠锚杆或锚固体与周边土层的摩阻力来平衡传力。拉杆是独立构件，可以多层布置，根据受力大小，水平及竖向间距可取 2～4m。在均质较软土层中，由于拉杆或锚固体与周边土层的摩阻力有限，故建筑高度受到限制。当有条件时，如拉杆穿过较硬土层，可对较硬土层拉杆孔进行高压灌浆处理，其建筑高度可有较大提高。

　　锚杆式在这里指土层拉杆，即完全在土层中设置的拉杆。该形式板桩墙可用于永久结构，也可用于临时结构，立板为钢筋混凝土结构。当用于永久工程时，直接在防护边坡处由上至下分层钻孔设置拉杆；当用于临时工程时，随着基坑向下开挖，由上至下分层钻孔设置拉杆。拉杆多为镀锌钢管，也可用钢筋，通过拉杆将立板与锚固段（锚固灌浆体）连为一体，并依靠锚固灌浆段与周边土层的黏结力维持结构稳定。

1.2.3　新型挡土板桩墙

1. 加筋土板桩墙

加筋土板桩墙由立板（面板、挡板）、筋材和填料（土、碎石土等）共同组成。立板可由钢筋混凝土预制或现浇而成。常用混凝土等级为 C20～C25；筋材主要有土工合成材料和金属材料。土工合成材料有土工布、土工带、土工网、土工格栅等；金属材料有钢条带、钢棒、焊接格栅等。

加筋土是指在天然填筑土料中加入条带、纤维、网格、格构等各类抗拉材料，这些材料通常称为筋材，因此称为加筋土。加筋土可用于支挡建筑、地基加固、岸坡防护领域中。天然土的抗拉能力几乎为零，抗剪强度也较低，在土料中加入筋材即构成土和筋材的复合土体，改善了填筑料的性能。这种土和筋材的复合土体受到外力作用时，将会产生体变，引起筋材与周围土之间的相对位移趋势，但土与筋材界面上的摩擦阻力，限制了土的侧向位移，从而依靠筋材与填筑料之间的摩擦而提高填筑土体的抗剪强度和稳定性。

加筋土理论成熟于 20 世纪 60 年代初的法国，1965 年法国在比利牛斯山的普拉聂耳斯修建了世界上第一座加筋土板桩墙[17]，随后在世界各国相继应用，我国 1979 年开始推广这一技术，目前广泛用于公路、铁路、水利、码头、海岸、矿山、环境、城市道路、工业和民用建筑等工程的支挡结构，具有较好的发展前景。

加筋土板桩墙是在立板后面的填料中加入条带、纤维或网格等抗拉材料的筋材，依靠这些筋材改善土的力学性能，提高土的强度和稳定性。这类板桩墙已广泛用于路堤、堤防、码头、岸坡、桥台等各类工程中。

以往加筋土板桩墙的建筑高度可达 30m（不可拉伸筋材）和 15m（可拉伸筋

材），墙面可为垂直或接近垂直（70°～90°），该类板桩墙设计时应考虑适当的排水措施，以消除立板内侧的静水压力。

加筋土板桩墙的优点很多，主要有：可以构筑很高的垂直墙体；节省占地面积，特别适用于不允许开挖的狭窄场地施工；对地基要求较低，有良好的适应性，在承载力较低的地基上建挡土墙一般可不考虑基础沉降问题；无建筑公害，无噪声，无污染，保护环境，外表美观，能给工程以较好的形象；施工方法简单，施工管理简便，小型机具和人工就可以完成施工任务；材料容易获得，工程造价较低，其费用为普通结构板桩墙造价的 40%～60%，并且墙越高越节省投资。

加筋土板桩墙具有一定的柔性，抗振动性强，因此，它是一种很好的抗震结构，这是它的独特优势。例如，一些土工合成材料加筋土板桩墙，在 1995 年的日本兵库县南部地震即神户地震中处于近震区而没有破坏表明该类结构具有良好的抗震性[19]。此外在东京铁路已建成的一例桥墩通过施加竖向预应力加强填土，从而大大减小填土变形，提高其抗震性。

图 1-17 为潇湘大道 D 段土工格栅平面大样[18]。湖南大学设计研究院邹银生教授等将加筋土板桩墙应用于潇湘大道工程代替原有的悬臂式挡土墙，节约投资达 32%～41%。图 1-18 为日本东京铁路典型的具有全高刚性面板的加筋土板桩墙示意图。这种结构用于重要铁路和公路建设的总里程已超过 70km[19]。

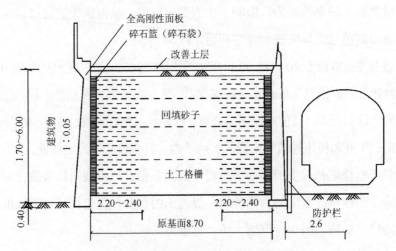

图 1-17　潇湘大道 D 段土工格栅平面大样（单位：m）[18]

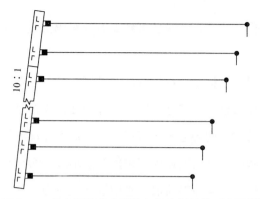

图 1-18　东京铁路某典型的加筋土板桩墙示意图[19]

2. 遮帘式板桩墙

遮帘式板桩墙是中交第一航务工程勘察设计院 2002 年开发的新结构[2]，分为半遮帘式板桩码头结构和全遮帘式板桩码头结构两种。

半遮帘式板桩码头结构是在前板桩后面做一排间隔的遮帘桩，遮帘桩的顶和底比前板桩低，横向刚度比较大，利用其在深层土体中的嵌固和其具有的巨大刚度，以及其后土体的拱效应，大大减小了前板桩的土压力，从而创造了加大水深的条件。

半遮帘式板桩码头结构于 2002 年首先应用于图 1-19 所示的京唐港区二港池 2

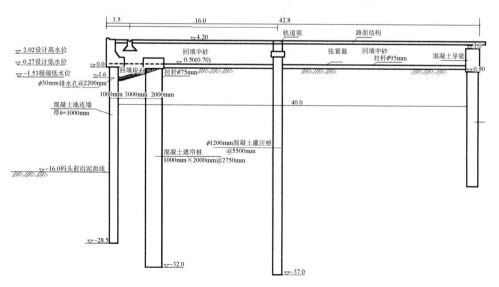

图 1-19　京唐港码头改造半遮帘式板桩结构方案（单位：m）[20-22]

个泊位加深改造工程，从 2 万吨级加深到 5 万吨级码头获得了成功，取得了极大的效益[20-22]。

全遮帘式板桩码头结构是在前板桩后面做遮帘桩，遮帘桩与前墙之间通常采取两种连接方式：遮帘桩与前墙之间用钢拉杆相连；遮帘桩与前墙之间用钢筋混凝土上部结构连成整体。两种方式各有优缺点，后者在离心模型试验中发现前墙和遮帘桩的正弯矩较大，分析其原因，可能是前墙和遮帘桩产生少许下沉后，顶端与上部结构固接约束，从而对前墙和遮帘桩产生拉力，导致正弯矩变大。

全遮帘式板桩码头结构的特点是造价省、工期短、陆上施工受气象因素影响小。图 1-20 所示的京唐港区盐驳码头一座 10 万吨级的码头主体工程施工，工期仅九个月[20-22]。此外，板桩码头上的轨道式装卸机械的前轨道下，必然要做桩基以支撑轨道梁，但因该桩基无锚碇而不能很好地起到遮帘土压力的作用，而遮帘桩既能起到遮帘土压力的作用，又可利用遮帘桩的竖向承载能力做轨道梁的桩基使用，省掉了前轨道梁下的桩基，从而节省了投资成本。

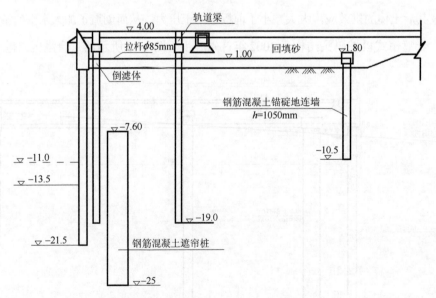

图 1-20　京唐港区盐驳码头 10 万吨级码头全遮帘式板桩结构方案（单位：m）[20-22]

遮帘式板桩码头结构的产生和应用前景源于以下几点。

（1）采用遮帘式结构，将遮帘桩与锚碇结构连接，既可解决装卸机械作用于轨道及其基桩的水平力传到前墙的问题，又可利用遮帘桩作为轨道梁基桩使用，既经济又安全。

（2）原有设计没有考虑在装卸机械水平力作用下轨道梁基桩的强度，而实际上基桩很难抵抗巨大的装卸机械产生的水平力，导致基桩强度不够，造成安全问题。遮帘式结构将装卸机械水平力直接传给锚碇结构，人人减小了基桩的受力，切实保证了其强度和安全性。

（3）遮帘式结构使原来不能起遮帘作用的桩基产生了遮帘作用，大大减小了前墙的土压力和内力，又可起到轨道梁基桩的作用，可以说是一举两得，是一种十分经济的结构。

1.3　现有挡土板桩墙的计算模型和计算方法

对于板桩墙的变形、内力和拉杆拉力的计算问题，到目前为止，还没有一个公认的完善的理论方法或计算模型，其主要原因是板桩墙的受力与变形情况比较复杂。板桩墙在墙后土体的作用下一般会产生挠曲变形，这样沿墙体的深度方向，墙上各点的变形大小不同，与墙体接触的土中各点，其应力状态也就不可能同时达到（有些点甚至不能达到）塑性极限平衡状态。另外，在土压力的作用下，墙体的上下两端的位移均受约束，但跨中的位移较大，于是墙后的土体出现拱的现象，导致土压力的重分布。在靠近拱端处主动土压力比较集中，跨中部分减少，主动土压力呈 R 形分布。当板桩的刚度和锚碇点的位移越小，并采用先回填板桩墙后土体，再开挖港池的施工顺序时，R 形分布越明显；反之，R 形分布越不明显，直至接近直线分布[23]。因此很难精确地计算出板桩墙后的土压力。

影响墙体与土相互作用的因素有很多，有些因素对计算模型的影响尚未明确，再加上计算手段的限制，使得有些模型和方法难以在工程上广泛应用。根据墙体的不同工作状态，计算中对板桩墙两侧地基反力进行不同的假设，其计算模型和方法可分为三类[24]：①极限地基反力法；②弹性地基反力法；

③复合地基反力法。另外，也有考虑锚碇桩-拉杆与板桩墙相互作用的整体计算模型[10, 25-27]。

1.3.1　极限地基反力法

极限地基反力法假定板桩墙两侧所受的地基反力分布为极限主、被动土压力（即按照古典的土压力理论来计算土压力），地基反力只与深度有关（与深度呈线性关系），而与墙的变形无关，在工程上最初得到广泛应用的是自由支承法和弹性线法[28]。

自由支承法的基本思想是板桩墙上端由拉杆锚碇，下端由被动土压力支撑，板桩入土部分不产生负弯矩，即假定板桩入土部分下端弯矩为零，如图 1-21 所示，板桩像一根竖向放置着的简支梁，简支梁跨中最大弯矩为 M_{max}，板桩入土段墙前土体自由支承，这一部分土体全部处于极限状态，按朗肯被动土压力进行计算，墙后地基土则按主动土压力进行计算。根据主动土压力和被动土压力对拉杆锚碇点的力矩平衡条件确定入土深度 t_{max}，然后就可求出拉杆拉力 R_a。

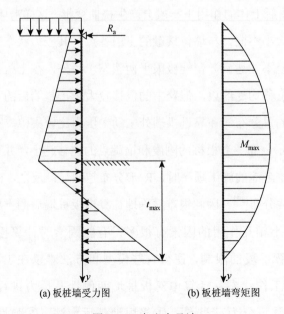

(a) 板桩墙受力图　　　　　　　　(b) 板桩墙弯矩图

图 1-21　自由支承法

弹性线法也称为嵌固法，它的基本思想是假定板桩墙入土段某一深度弹性嵌固在地基中。因此，泥面以下某一深度处存在反弯点，假定反弯点与板桩下端之间作用着负弯矩，板桩墙下端作用着反方向的被动土压力，通常假定为一集中力 E_p，如图 1-22 所示。这里有三个需要求解的未知数：板桩入土深度 t_0、拉杆拉力 R_a 及底端土抗力 E_p。求解时通过不断改变入土深度反复试算，直到板桩墙底端的角变位及线变位和锚碇点的位移都等于零为止，利用图解法绘制出板桩墙变形曲线，所以称为弹性线法。为了简化计算，根据设计经验可采用跨中最小的正弯矩为入土段最大负弯矩 1.10～1.15 倍条件取代变形条件[29]。

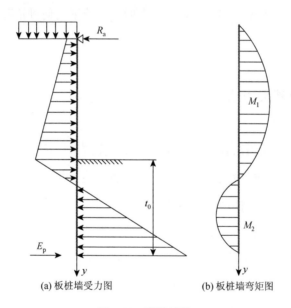

(a) 板桩墙受力图　　　　　　　(b) 板桩墙弯矩图

图 1-22　弹性线法

该类方法基于极限地基反力法，按照古典的土压力理论计算墙体前后的土压力分布，然后根据板桩墙的厚度、弹模等得出其刚度，对算出的板桩弯矩和拉杆力乘以折减或增大系数来进行修正。由于该类方法没有涉及板桩刚度、锚碇点的位移、土压力重分布及施工过程的影响等因素，难以反映出实际板桩墙与土体间的相互作用。以弹性线法为例，极限地基反力法存在以下几个主要问题[30, 31]。

（1）没有考虑板桩墙变形对土压力分布的影响，假定土压力一律按塑性极限状态的古典土压力理论计算，嵌固点附近认为仍达到被动土压力极限值，与假定的变形状态相矛盾。

（2）土压力计算中未考虑土与墙体之间的摩擦力，使计算的墙后土压力偏大，墙前的被动土压力偏小。

（3）内力计算时没有考虑板桩刚度这一因素。这与该法假定的状态有出入，同时不符合实际情况。按照该法假定，板桩底端为弹性嵌固，锚碇点处为弹性铰接，这种情况的板桩墙为一次超静定结构，根据结构力学理论，其内力必然与结构刚度有关。大量实验和计算表明，板桩的跨中弯矩随着刚度的减小而减小[24]。

（4）假定锚碇点无位移。实际工程表明，无论采用何种锚碇结构，这一点都很难做到。

1.3.2 弹性地基反力法

由于极限地基反力法存在上述问题，其计算结果往往与实际情况出入较大，使设计的板桩断面和长度过于保守，很不经济。鉴于此，许多学者试图对极限地基反力法进行改进，弹性地基反力法就是在这种情况下提出的。竖向弹性地基梁法将板桩墙视为竖放置于 Winkler 地基中的弹性地基梁，以泥面为界切分为两部分，如图 1-23 所示，泥面以上的墙段视为底端固定的悬臂梁，其土压力按极限地基反力法计算；泥面以下部分将板桩墙看成在弹性地基上的连续梁，其两侧所受的地基反力除与深度有关外，还与墙的变形呈线性或非线性弹性关系[32]。以 Winkler 假定为基础的地基系数法来计算板桩墙入土段的土抗力，其真实的工作情况既不是自由支承，也不是完全嵌固。根据其地基系数沿深度方向分布的不同分为 m 法、C 法等不同的方法，其中 m 法是现行规范中推荐的一种方法。

竖向弹性地基梁法的出发点是基于试验中发现的这样一个事实：板桩墙入土段的土抗力分布非常接近竖放着的地基梁的地基反力。由于该方法考虑了入土段墙体的变形对土抗力分布的影响，同时考虑了锚碇点的位移和刚度对墙体内力和变形的影响，因此较之极限地基反力法（弹性线法和自由支承法），在正确反映墙体-土系统的相互作用方面，向前迈进了一大步。但是，该方法在应用上还存在着许多尚待研究的问题。

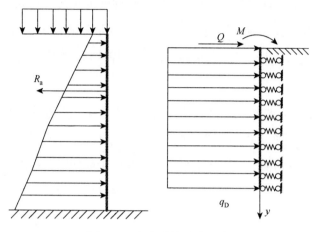

图 1-23　竖向弹性地基梁法

（1）地基系数的确定。板桩墙入土段的土抗力分布在很大程度上取决于地基系数的选取。因此，选取正确的地基系数才能使上述方法的优越性得以体现。

（2）地基系数与深度的变化规律仍需进一步研究。在 m 法中，地基系数仅与深度呈正比关系，很难真实地反映土体的实际应力状态，m 值的选取还需进一步改进。

1.3.3　复合地基反力法

复合地基反力法认为板桩墙所受的地基反力与它的变形呈非线性、非弹性关系，如 p-y 曲线法和 NL（non-linear）法，主要是利用实测或标准曲线来进行板桩墙计算[33]。

随着现代工程技术的发展，板桩结构承受的水平荷载以及所产生的横向位移越来越大，其设计计算已经超出了板桩结构设计规范限定范围。当横向受荷桩载荷在弯矩和水平力比值不变的条件下加载，水平力和桩在地面处的水平位移、转角之间的关系通常是非线性的。如果桩还在线性范围内工作，引起这种非线性的原因主要是桩侧土体产生的塑性变形，并超过了土体的抗剪强度。而且，最靠近地面处的土体，最先发生塑性变形，然后沿桩身向深处发展。为了解决桩侧土体存在塑性变形的桩土计算问题，即所谓的非线性分析问题，主要采用 $p\text{-}y$ 曲线法。$p\text{-}y$ 曲线法的种类较多，现在国内外比较常见的就是美国 API（American Petroleum Institute）规范的 $p\text{-}y$ 曲线法，目前我国港口工程桩基规范[34]就是采用的美国 API 规范的 $p\text{-}y$ 曲线法。

$p\text{-}y$ 曲线法[35]把桩按线弹性理论分析，但考虑了土的非线性和塑性变形的影响。该方法考虑了桩-土作用的非线性，使用条件不受水平位移大小的限制，既可用于水平位移较小的情况，又能用于水平位移较大的情况。然而现有的 $p\text{-}y$ 曲线法最大的不足就是提出这些方法时所依据的现场试验资料非常有限，所需的土工参数离散性较大，不易获取，计算烦琐，使得该方法的普遍适用性受到了影响。NL 法[36]是通过多年来现场试验资料的积累和研究，提出的一种新的非线性计算方法。该方法提出的土抗力公式是通过大量现场试验实测桩身的土抗力，采用数理统计的方法得到的，体现了桩-土的非线性作用，适应了桩基承受的水平变形越来越大的需要，但 NL 法无法准确地对多层地基和变刚度桩问题进行分析，只能采用加权平均法把多层地基转化为均质地基或是把变刚度桩转化为等刚度桩。当多层地基各层土质差别较大时，这种均质地基简化将会使计算结果出现较大的偏差。

1.3.4　整体计算模型

前述方法大多为分离式模型，实际上未考虑锚碇桩-拉杆与板桩墙的相互作用，根据目前的研究，考虑相互作用的整体计算模型对计算结果有较大影响，最大弯矩可减小 25%左右，且得到的水平位移更接近结构的实测结果[25]。整体计算模型通常采用有限元整体建模的方法进行计算。

板桩墙墙体的变位程度直接关系到工程的安全，拉杆内力与墙体变位有着直接的关系，对墙体内力有着重要的影响。当前实际工程中，对工程结构实际工作性态的掌握主要依赖现场原型观测[37]，不仅成本很高，而且有时会严重影响施工进度。因此，一方面，需要完善和研究变形结构与土体共同作用条件下的土压力计算理论[38]；另一方面，可以采用能有效模拟实际情况的整体计算模型来研究。

板桩墙和桩基均为与土作用的结构，其与土共同作用的受力机理有一定的共性。桩基结构的受力受诸多因素的影响，具有较强的空间效应和时间效应，常规的计算理论难以解决。数值方法提供了一种合理的计算方法，它可以建立数值模型，从整体上分析墙体及周围土体的应力与变形性态，而且可适用于动态模拟计算。近年来国内外许多学者用数值分析法对水平荷载作用下桩的受力特性进行了研究。Rajashree 等[39]对水平荷载作用下的斜桩进行了非线性有限元模拟；Küçükarslan 等[40]采用有限元-边界元相结合的杂交元法研究了侧向承载桩，桩和结构体使用弹性有限元法，桩周土体用边界元法，并通过试验验证了该法的正确性；Chen[41]用有限差分法研究了桩与土体相互作用的受力性状；Yang 等[42]用有限元法对层状弹塑性土体中的侧向承载桩进行了数值模拟；汤子扬等[43]基于PLAXIS 考虑桩土之间相互作用来建立模型，并对两种土体模型参数进行了敏感性分析。金雪莲等[44]利用有限元分析软件 ANSYS 对一典型带撑式基坑工程在开挖过程中的变形进行模拟分析，将模拟计算结果与实测值进行比较验证该方法的可行性，并进一步对影响基坑变形的几个主要因素：支护结构的墙体刚度、墙体入土深度、支撑刚度、支撑位置、基坑平面尺寸效应及基坑底面以下土体强度等进行系统分析，提出带撑式基坑开挖变形控制的支护设计概念和建议；Liu 等[45]进行了桩锚体系的三维模拟分析；陈伟等[46]对深基坑支护结构的三维分析进行了探讨，提出了三维问题分析的原理、计算公式，开发出了相应的有限元软件，将软件应用于宁波地区的实际深基坑工程并对计算和实测数据进行了对比分析，为复杂深基坑支护结构的设计计算提供了一种改进的方法和新工具。

由于桩基工程的复杂性，单纯从理论上对桩基受力特性进行分析解答有一定的困难，而整体计算模型分析法具有计算能力强、能适用复杂的地质条件和受力形式等优点，进行整体分析时，可以不同程度地解决设计方法中存在的一些问题（特别是一些非均质土、变截面刚度桩以及桩和土的非线性与蠕变问题），逐渐成为解决桩基工程问题的一个重要方法。因此，在施工前期对结构建立整体计算模型进行数值分析，在理论分析的指导下进行工程的现场观测控制非常重要。有限元整体计算模型的结果能够定量地、准确地反映施工过程中的各种因素的影响程度，通过提供的预测研究成果来指导施工，预防工程的不安全因素，及时规避施工各因素造成的风险[47, 48]。

1.4　挡土板桩墙的施工特点

近年来，挡土板桩墙在港口、航道、船闸、船坞、地铁隧道、地下人防工程建设、民用建设等地下工程施工中得到越来越广泛的应用。从施工角度分析，挡土板桩墙有以下特点。

1. 对周边建筑物影响小

改革开放以来，国内经济高速发展，新建或拆建工程周边一般都有不同形式的建筑物，采用挡土板桩墙施工工艺，可以有效地降低施工时对周边土体及地下水位的影响。特别是城市内的各类深基坑工程。

2. 采用逆作法施工，有效地减小了开挖面积

挡土板桩墙一般采用逆作法施工，即先在地下使墙体成型，等墙体达到一定强度后对墙体进行拉锚式支撑，再对墙前土方进行开挖，大大减少了开挖面积。

3. 使用适用性强

挡土板桩墙对地质要求不高，海边、长江边、城市中心均可采用。另外，墙体可以做成大直径圆形、异形，对地理位置的适应性比较强，如国家大剧院地下板桩墙。

4. 墙体位移控制技术要求高

永久性挡土板桩墙，墙前土方开挖后，墙体或多或少会产生一定的位移。根据现行规范[49]，板桩墙在拉杆处的水平位移不宜大于 50mm。再加上拉杆受力伸长（根据工程经验拉杆一般伸长 20～30mm），使挡土板桩墙体的位移能够控制在 70～80mm 为宜。但实际施工过程中，多数大于该数值。位移的大小与设计采用的拉锚结构形式有一定的关联，与施工工艺和过程控制更有着密不可分的联系。其中，墙体施工、土体降排水、拉锚系统、土方开挖、土方回填等施工过程均对位移的产生有着直接影响。

5. 板桩墙施工质量要求高

板桩墙墙体有多种结构形式，其中使用最为广泛的是混凝土地下连续墙结构。墙体施工时，对质量的要求特别高，墙体倾斜、孔洞、露筋等质量通病需要通过一系列的技术措施克服。

参 考 文 献

[1]　SL379—2007. 水工挡土墙设计规范[S]. 北京：中国水利水电出版社，2007.

[2]　刘永绣. 板桩和地下墙码头的设计理论和方法[M]. 北京：人民交通出版社，2006.

[3]　薛殿基，冯仲林. 挡土墙设计实用手册[M]. 北京：中国建筑工业出版社，2008.

[4]　伊维扬斯基. 水利工程中的挡土墙[M]. 北京：水利出版社，1957.

[5]　辽宁紫竹桩基础工程股份有限公司. 深基坑工程案例[EB/OL]. http：//www.lnzzpf.com/3g/content/?221. html[2016-7-27].

[6]　张志鹏，蔡建国，邓渊. 施工导流与围堰设计 白鹤滩水电站导流隧洞进、出口围堰设计及实践//吴义航主编. 中国水力发电年鉴[M]. 北京：中国电力出版社，2013：191-192.

[7]　刘磊. 钢板桩围堰[EB/OL]. http：//njwanhui.co.bokee.net/companymodule/imagecom_viewEntry.do?id= 600821[2017-5-7].

[8]　丁清友，丛建伟. 阜六铁路国内首座深水拉森钢板桩围堰发挥功效[EB/OL]. http：//www.crcc.cn/g282/ s919/t2815.aspx[2011-3-8].

[9]　徐莉萍，朱剑君，李涛. 高港枢纽二线船闸闸室结构方案分析[J]. 水利科技与经济，2015，（9）：33-34.

[10]　陈小翠，杜成斌，江守燕，等. 施工期地连墙整体模型优化[J]. 水运工程，2016，（2）：142-147.

[11]　钱祖宾，沈建霞，单海春. 顶撑式拉锚地连墙在船闸闸室中的应用[J]. 现代交通技术，2015，（1）：66-70.

[12]　卢肇钧. 锚定板挡土结构[M]. 北京：中国铁道出版社，1989.

[13]　胡庆华，陈文辽. 京杭运河淮安三线船闸工程创新技术的运用[J]. 水运工程，2010，（3）：117-120.

[14]　福建省交通规划设计院. 京福高速公路南平段 NA4 锚索挡墙[EB/OL]. http：//www.fjjty.cn/ InformationDetail.asp?ID=1156[2017-5-7].

[15]　綦彦波. 高速公路路堑预应力锚索挡墙施工技术[J]. 水利与建筑工程学报，2009，7（4）：70-72.

[16] 张磊. 锚杆挡土墙施工技术在高速公路边坡中的应用[J]. 公路交通科技（应用技术版），2015，（7）：83-84.

[17] 陈忠达. 公路挡土墙设计[M]. 北京：人民交通出版社，1999.

[18] 杨果林，邹银生. 预张拉土工格栅加筋土挡墙工程应用与分析[J]. 湘潭矿业学院学报，2002，（3）：67-70.

[19] 宋建学，周乃军. 日本永久土工合成材料加筋土结构的近期发展[J]. 世界桥梁，2005，（1）：70-74.

[20] 刘永绣，吴荔丹. 遮帘式板桩码头计算理论和方法[J]. 港工技术，2005，（S1）：33-36.

[21] 刘永绣，吴荔丹，李元音. 一种新型码头结构型式——半遮帘式深水板桩码头结构的推出[J]. 港工技术，2005，（S1）：16-19.

[22] 刘永绣. 板桩码头向深水化发展的方案构思和实践——遮帘式板桩码头新结构的开发[J]. 港工技术，2005，（S1）：12-15.

[23] 杨进良. 土力学[M]. 北京：中国水利水电出版社，2006.

[24] 顾慰慈. 挡土墙土压力计算手册[M]. 北京：中国建材工业出版社，2006.

[25] 朱庆华，钱祖宾，张福贵. 单锚板桩墙结构整体受力分析方法[J]. 人民黄河，2013，35（8）：96-98.

[26] 钱祖宾，马志华，江守燕，等. 高港枢纽二线船闸地连墙板桩结构整体数值模拟[J]. 水利水电科技进展，2015，35（6）：62-67.

[27] 王翔，杜成斌，顾明如，等. 高挡土板桩墙施工期三维整体有限元数值模拟[J]. 中州煤炭，2016，（11）：64-70，74.

[28] 徐炬平. 港口水工建筑物[M]. 北京：人民交通出版社，2011.

[29] 严恺. 海港工程[M]. 北京：海洋出版社，1996.

[30] 王浩芬. 有锚板桩墙计算方法[J]. 港工技术，1989，（1）：10-22.

[31] 裴张兵，王云球. 板桩码头计算方法的分析比较[J]. 水运工程，1998，（11）：6-10.

[32] 王浩芬，李久旺. 板桩 m 法计算的初步验证[J]. 水运工程，1986，（7）：36-38.

[33] 张杰峰，姜萌. p-y 曲线法和 m 法在桶基平台计算中的对比研究[J]. 中国水运月刊，2014，14（3）：103-106.

[34] JTS 167-4—2012. 港口工程桩基规范[S]. 北京：人民交通出版社，2012.

[35] 燕斌，王志强，王君杰. 桥梁桩基础计算中 p-y 曲线法与 m 法的对比研究[J]. 结构工程师，2007，23（4）：62-68.

[36] 吴锋，时蓓玲. 基于 NL 法的水平受荷桩非线性有限元分析[J]. 水运工程，2007，（12）：9-12.

[37] 周春松. 地下连续墙技术在天津港应用的研究[D]. 天津：天津大学，2004.

[38] Schweiger H F. Numerical Methods in Geotechnical Engineering[M]. New York: McGraw-Hill, 1977.

[39] Rajashree S S, Sitharam T G. Nonlinear finite-element modeling of batter piles under lateral load[J]. Journal of Geotechnical & Geoenvironmental Engineering, 2001, 127（7）：604-612.

[40] Küçükarslan S, Banerjee P K. Inelastic analysis of pile-soil interaction[J]. Journal of Geotechnical & Geoenvironmental Engineering, 2004, 130（11）：1152-1157.

[41] Chen C. Numerical analysis of slope stabilization concepts using piles[D]. USA: University of Southern California, 2001: 889-148.

[42] Yang Z, Jeremić B. Numerical analysis of pile behavior under lateral loads in layered elastic-plastic soils[J].

International Journal for Numerical & Analytical Methods in Geomechanics，2002，26（14）：1385-1406.

[43]　汤子扬，牛志国，陈春燕.Plaxis 在板桩码头分析中的应用[J]. 水利水运工程学报，2013，（1）：81-85.

[44]　金雪莲，樊有维，李春忠，等. 带撑式基坑支护结构变形影响因素分析[J]. 岩石力学与工程学报，2007，26（z1）：3242-3249.

[45]　Liu R C，Xu B S，Li B，et al. 3-D numerical study of mechanical behaviors of pile-anchor system[J]. Applied Mechanics & Materials，2014，580-583：238-242.

[46]　陈伟，吴才德，黄吉锋，等. 深基坑支护结构的三维分析原理、应用及验证[J]. 岩土工程学报，2007，29（5）：729-735.

[47]　李荣庆，贡金鑫，杨国平. 板桩结构非线性有限元分析[J]. 水运工程，2010，（2）：110-115.

[48]　桂劲松，孟庆，李振国，等. 基于 PLAXIS 的板桩结构非线性有限元分析[J]. 水运工程，2011，454（6）：11-15.

[49]　JTS 167-3—2009. 板桩码头设计与施工规范[S]. 北京：人民交通出版社，2009.

第 2 章　软土地区高挡土板桩墙的设计

2.1　高挡土板桩墙设计应考虑的主要因素

影响高挡土板桩墙设计的主要因素有地形、地质、水文自然条件、板桩墙的结构形式及可变荷载作用等。

建筑物结构布置受场地限制或建筑物基础开挖影响周围建筑物的安全时，可采用板桩墙结构或采用板桩墙挡土进行基坑支护开挖。在江河滩地上构筑挡土结构，一般地质条件比较差，淤泥、淤泥质土质较多，其物理力学性能较差、承载力低、渗透系数小，对高挡土结构一般优选板桩墙结构。

高挡土板桩墙结构形式的选用应考虑自然条件、使用要求、施工水平、耐久性等因素，经技术经济综合比选确定。

锚碇结构的选择应根据场地条件，水文地质及拉杆拉力的大小等因素确定。

高挡土板桩墙的设计还应考虑板桩墙与锚碇拉杆的选用，选用钢拉杆及其附件，应进行防腐处理，并留有足够的锈蚀余量。

高挡土板桩墙设计还需考虑前沿可能承受的运输机械、临时堆载等可变荷载，板桩结构需承受墙后土体和码头面可变荷载产生的主动土压力而影响板桩结构尺寸。板桩墙后回填应采用透水性较好的砂、砾石等，并分层压实，锚碇板桩墙前应采用强度较大的块石或灰土回填压实，回填范围应满足锚碇结构的稳定性要求。

为此，高挡土板桩墙设计需充分了解工程所在地的自然地形、工程地质、水文条件、使用要求、施工水平等方面，经技术、经济、安全、使用、耐久性等综合比选确定最优的高挡土板桩墙结构设计方案。

2.2　现有规范高挡土板桩墙的计算方法

根据现行规范[1]，拉锚板桩墙的计算方法主要有弹性线法和竖向弹性地基梁法，弹性线法主要适用于单锚板桩墙弹性嵌固状态的计算，而竖向弹性地基梁法则适用于单锚和多锚板桩墙的任何工作状态。以上两种计算方法均是以拉杆为界，将板桩墙和锚碇结构作为两个独立的脱离体分别进行计算，先通过板桩墙的计算确定拉杆拉力，再根据拉杆拉力来复核锚碇结构的稳定。复核计算内容主要包括作用荷载分析、结构内力分析以及结构位移复核等。

2.2.1　设计荷载

板桩墙作用荷载一般分为永久荷载、可变荷载和偶然荷载。作用于板桩墙的永久荷载主要包括墙前被动土压力、墙后主动土压力及剩余水压力等，可变荷载主要有地面超载引起的土压力、船舶荷载、波浪力以及施工荷载等；偶然荷载主要有地震荷载等，如图 2-1 所示。

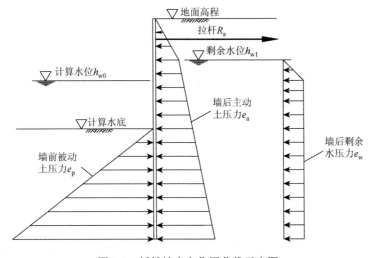

图 2-1　板桩墙永久作用荷载示意图

根据现行规范[1]，当水底面为水平面，墙面为垂直面时，墙前被动土压力强度可按下列公式计算：

$$e_{\mathrm{p}} = \left(\sum r_i h_i\right) K_{\mathrm{p}} \cos\delta + 2C \frac{\cos\varphi \cos\delta}{1 - \sin(\varphi + \delta)} \tag{2-1}$$

$$K_{\mathrm{p}} = \frac{\cos^2\varphi}{\cos\delta \left[1 - \sqrt{\dfrac{\sin(\varphi+\delta)\sin\varphi}{\cos\delta}}\right]^2} \tag{2-2}$$

式中，e_{p} 为被动土压力强度标准值，$\mathrm{kN/m^2}$；r_i 为计算面以上各土层的重度，$\mathrm{kN/m^3}$；h_i 为计算面以上各土层的厚度，m；K_{p} 为计算土层土的被动土压力系数；δ 为计算土层与墙面间的摩擦角，(°)；C 为计算土层土的黏聚力，$\mathrm{kN/m^2}$；φ 为计算土层土的内摩擦角，(°)。

当地面为水平面，墙面为垂直面时，墙后主动土压力强度可按下列公式计算：

$$e_{\mathrm{ax}} = \left(\sum r_i h_i\right) K_{\mathrm{a}} \cos\delta - 2C \frac{\cos\varphi \cos\delta}{1 + \sin(\varphi + \delta)} \tag{2-3}$$

$$e_{\mathrm{aqx}} = q K_{\mathrm{a}} \cos\delta \tag{2-4}$$

$$K_{\mathrm{a}} = \frac{\cos^2\varphi}{\cos\delta \left[1 + \sqrt{\dfrac{\sin(\varphi+\delta)\sin\varphi}{\cos\delta}}\right]^2} \tag{2-5}$$

式中，e_{ax} 为由土体本身产生的主动土压力强度标准值，$\mathrm{kN/m^2}$；e_{aqx} 为由地面均布荷载产生的主动土压力强度标准值，$\mathrm{kN/m^2}$；q 为地面上的均布荷载标准值，$\mathrm{kN/m^2}$；K_{a} 为计算土层土的主动土压力系数；其余符号含义同式（2-1）和式（2-2）。

剩余水压力为板桩墙墙后水压力与墙前水压力之差，如图 2-1 所示。剩余水压力强度可按以下公式计算。

计算水位至剩余水位间：

$$e_{\mathrm{w}} = \gamma_{\mathrm{w}} h_i \tag{2-6}$$

计算水位以下：

$$e_{\mathrm{w}} = \gamma_{\mathrm{w}} (h_{\mathrm{w1}} - h_{\mathrm{w0}}) \tag{2-7}$$

式中，e_{w} 为剩余水压力强度标准值，$\mathrm{kN/m^2}$；γ_{w} 为水的重度，$\mathrm{kN/m^3}$；h_i 为计算面至剩余水位线的高度，m；h_{w0} 为墙前计算水位，m；h_{w1} 为墙后剩余水位，m。

需要说明的是，图 2-1 所示的剩余水压力强度分布仅适用于板桩底部嵌入土层为不透水土层的情况。当板桩底部嵌入土层为透水土层时，在渗透水头作用下，地基将发生围绕板桩底部的地基渗流，地基渗流引起的水头损失势必会影响板桩墙前、后的水压力强度分布，并且剩余水压力强度分布也将随之发生变化。文献[2]的研究表明：在地基渗流条件下，板桩墙前的有效水压力将增大，板桩墙后的有效水压力将减小，剩余水压力最大值将出现在墙前水位处，而板桩底部的剩余水压力为零，如图 2-2 和图 2-3 所示。

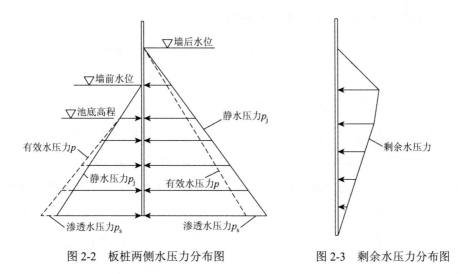

图 2-2　板桩两侧水压力分布图　　　　图 2-3　剩余水压力分布图

板桩码头其他作用荷载，如船舶荷载、波浪力、地震荷载等可根据现行规范[3, 4]建议方法进行分析计算。

2.2.2　板桩墙结构计算

板桩墙结构的复核计算内容主要有板桩的入土深度、结构内力和拉杆拉力等。

1. 板桩的入土深度计算

板桩的入土深度应根据板桩"踢脚"稳定条件确定，根据现行规范，其入土深度应满足如下要求：

$$\gamma_0\left[\sum\gamma_G M_G+\gamma_{Q1}M_{Q1}+\psi(\gamma_{Q2}M_{Q2}+\gamma_{Q3}M_{Q3}+\cdots)\right]\leqslant\frac{M_R}{\gamma_R} \qquad (2\text{-}8)$$

式中，γ_0 为结构重要性系数；γ_G 为永久荷载分项系数；M_G 为永久荷载标准值产生的作用效应，kN·m；$\gamma_{Q1},\gamma_{Q2},\gamma_{Q3},\cdots$ 为可变荷载分项系数；M_{Q1} 为主导可变荷载标准值产生的作用效应，kN·m；ψ 为荷载组合系数；$M_{Q2},M_{Q3},\cdots$ 为非主导可变荷载标准值产生的作用效应，kN·m；M_R 为板桩墙前被动土压力标准值对拉杆锚碇点的稳定力矩，kN·m；γ_R 为抗力分项系数。

2. 板桩墙结构的内力和拉杆拉力计算

板桩墙结构的内力和拉杆拉力可采用弹性线法或竖向弹性地基梁法按平面杆系结构进行计算，其结构计算简图如图 2-4 和图 2-5 所示。

弹性线法仅适应于单锚板桩弹性嵌固状态，其基本假定是板桩底端的角变位和线变位均等于零，且锚碇点的位移也等于零。由于板桩弯曲变形所引起的墙后主动土压力重分布以及锚碇点位移均可使板桩墙跨中弯矩减小，因此，根据现行规范，按弹性线法计算的跨中最大弯矩应乘以 0.7～0.8 的弯矩折减系数。弹性线法的基本原理是板桩墙结构的受力平衡，故按弹性线法计算出的板桩墙内力与板桩墙的刚度无关，而实际情况则不然，对于刚度较大的板桩墙采用弹性线法计算往往偏于危险，因此，对于现浇地连墙等刚度较大的板桩墙不宜采用。

竖向弹性地基梁法是近年来推广采用的方法，该方法适用于单锚和多锚板桩墙的任何状态，板桩墙的入土深度按"踢脚"稳定计算确定，板桩墙的内力和变位采用杆系有限元法求解，板桩墙入土段墙后设计荷载仅考虑计算水底以上超载所产生的主动土压力和剩余水压力，而土体本身所产生的这部分土压力则反映在土抗力之中，故无需考虑，如图 2-5 所示，各弹性杆的弹性系数 k_i 为水平地基反力系数 K_i 与弹性杆间距 ΔZ 的乘积：

$$k_i=K_i\Delta Z \qquad (2\text{-}9)$$

$$K_i=mZ_i \qquad (2\text{-}10)$$

式中，K_i 为计算杆件的水平地基反力系数，kN/m³；ΔZ 为弹性杆的间距，m；m

为水平地基反力系数随深度增大的比例系数，kN/m⁴；Z_i 为计算点距计算水底的深度，m。

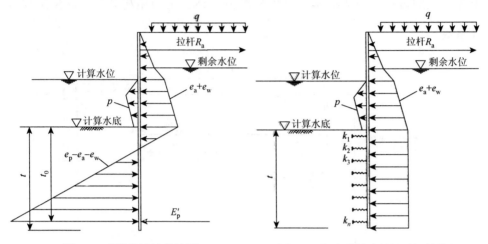

图 2-4 弹性线法计算简图

e_p-墙前被动土压力强度，kN/m²；e_a-墙后主动土压力强度，kN/m²；e_w-剩余水压力强度，kN/m²；R_a-单位宽度拉杆拉力，kN/m；p-波浪力，kN/m²；q-地面超载，kN/m²；E_p'-板桩底端墙后土抗力，kN/m；t_0-计算入土深度，m；t-设计入土深度，m

图 2-5 竖向弹性地基梁法计算简图

e_a-墙后主动土压力强度，kN/m²；e_w-剩余水压力强度，kN/m²；R_a-单位宽度拉杆拉力，kN/m；p-波浪力，kN/m²；q-地面超载，kN/m²；t-设计入土深度，m；$k_1, k_2, \cdots, k_n$-弹性杆的弹性系数，kN/m

3. 锚碇结构计算

单锚板桩墙常用的锚碇结构有锚碇墙（板）、锚碇叉桩以及全锚碇直桩等。

1）锚碇墙（板）的计算

锚碇墙（板）的计算内容主要包括锚碇结构的稳定复核、锚碇点位置的确定以及锚碇墙（板）结构尺寸的拟定等，如图 2-6 所示。

锚碇墙（板）的作用荷载主要有拉杆拉力 R_A，墙（板）后的主动土压力 E_{ax}、E_{qx} 和墙（板）前的被动土压力 E_{px}，锚碇墙（板）的结构尺寸应满足锚碇体受力平衡要求，其稳定性可按式（2-11）进行复核：

$$\gamma_0(\gamma_E E_{ax} + \gamma_{RA} R_{AX} + \psi \gamma_E E_{qx}) \leqslant \frac{E_{px}}{\gamma_d} \qquad (2\text{-}11)$$

式中，γ_0 为结构重要性系数；γ_E、γ_{RA} 为主动土压力和拉杆拉力分项系数；E_{ax}、

E_{qx} 为锚碇墙（板）后土体和地面可变荷载产生的主动土压力的水平分力标准值，kN；R_{AX} 为拉杆拉力的水平分力标准值，kN；E_{px} 为锚碇墙（板）前土体产生的被动土压力的水平分力标准值，kN；γ_d 为结构系数；ψ 为荷载组合系数。

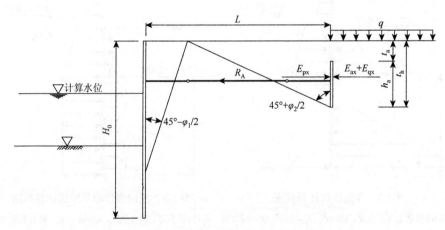

图 2-6　锚碇墙（板）结构计算简图

锚碇墙（板）至板桩墙的最小距离 L 可按式（2-12）确定：

$$L = H_0 \tan\left(45° - \frac{\varphi_1}{2}\right) + t_h \tan\left(45° + \frac{\varphi_2}{2}\right) \tag{2-12}$$

式中，L 为锚碇墙（板）至板桩墙的距离，m；H_0 为板桩墙后主动破裂棱体的高度，m，采用弹性线法取最大弯矩点至地面的距离，采用竖向弹性地基梁法取变形第一零点至地面的距离；φ_1、φ_2 分别为板桩墙后土和锚碇墙（板）前回填土的内摩擦角，（°）；t_h 为锚碇墙（板）底端的埋深，m。

在工程实际运用中，对于挡土高度较高、拉杆拉力较大的高挡土拉锚板桩结构，若采用墙（板）锚碇，往往会碰到结构位移偏大的问题。因为锚碇墙（板）所受拉杆拉力主要由墙（板）前被动土压力承担，在拉杆拉力作用下，锚碇墙（板）必将对墙（板）前的土体形成侧向挤压，墙前土体将产生较大的压缩变形，严重时还有可能导致地面隆起，从而导致结构位移过大，因此，墙（板）锚碇通常用于挡土高度较低的拉锚板桩结构，而对于拉杆拉力较大、位移控制要求较高的高挡土拉锚板桩结构则不宜采用。

2）锚碇叉桩的计算

锚碇叉桩是拉锚板桩墙常用的锚碇结构，如图 2-7 所示，其受力特点是拉杆拉力 R_A 和桩帽上垂直力 W 均可转换为桩的轴向力，根据现行规范[1]，锚碇叉桩的结构内力可按桩两端为铰接进行计算，其轴向力可按下列公式计算：

$$N_D = \frac{R_A \cos\alpha_Z + W \sin\alpha_Z}{\sin(\alpha_D + \alpha_Z)} \quad (2\text{-}13)$$

$$N_Z = \frac{R_A \cos\alpha_D - W \sin\alpha_D}{\sin(\alpha_D + \alpha_Z)} \quad (2\text{-}14)$$

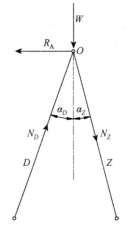

图 2-7　锚碇叉桩结构简图

式中，N_D、N_Z 分别为压桩 D 的轴向压力和拉桩 Z 的轴向拉力，kN；R_A 为拉杆的水平拉力，kN；W 为作用在叉桩桩帽上的垂直力，kN；α_D、α_Z 分别为压桩和拉桩与垂线的夹角，（°）。

锚碇叉桩锚碇点的水平位移可按式（2-15）进行计算：

$$\Delta H = \frac{1}{\sin(\alpha_D + \alpha_Z)} \left(\frac{R_A \cos^2\alpha_Z + W \sin^2\alpha_Z}{C_D} + \frac{R_A \cos^2\alpha_D - W \sin^2\alpha_D}{C_Z} \right) \quad (2\text{-}15)$$

式中，ΔH 为锚碇点水平位移，m；C_D、C_Z 分别为压桩和拉桩的轴向刚性系数，kN/m；其余符号含义同上。

现行规范有关锚碇叉桩内力计算方法主要适用于标准叉桩的结构内力分析，即叉桩的交点正好位于拉杆安装平面上，而在实际的工程设计中这种理想的设计工况却很难遇见，多数情况下锚碇叉桩的交点都不在拉杆安装平面上。锚碇叉桩交点的位置主要取决于斜桩顶部的桩间距和斜桩的斜度，根据现行规范[1]，锚碇叉桩的斜度宜取 4∶1 或更缓，两桩桩顶的净距在施工条件允许的情况下宜减小。而事实上，由于受到施工条件的限制，两桩桩顶的净距通常不可能取得太小，否则将会加大桩基施工的难度。相关设计手册规定[5]，斜桩在承台平面处的桩距不宜小于 1.5 倍的桩径，这就使得叉桩的交点往往高于拉杆安装平面，如图 2-8 所示。

对于非标准叉桩的结构内力可取桩帽为"脱离体"来进行分析，如图 2-9 所示，图中 O 点为锚碇叉桩的延伸交点，D、Z 分别为压桩 D 和拉桩 Z 与桩帽的交点，可按铰接考虑。如果将 $\triangle DOZ$ 作为运动"刚体"，并将 O 点作为刚体受力与旋转的基准点，那么，在拉杆水平力 R 和桩帽上的垂直力 W 的作用下，刚体产生绕基准点 O 的旋转力矩 M，即

$$M = Rh - We \qquad (2\text{-}16)$$

$$h = \frac{a}{\tan\alpha_D + \tan\alpha_Z} \qquad (2\text{-}17)$$

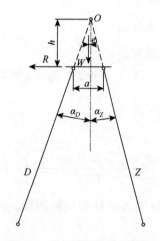

图 2-8　非标准叉桩结构简图

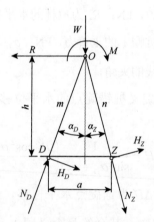

图 2-9　运动刚体结构简图

由于刚体受到拉杆水平力 R 和桩帽上的垂直力 W 和旋转力矩 M 的共同作用，因此，刚体的运动趋势既有沿 R 和 W 合力方向的平移趋势，又有绕基准点 O 的旋转趋势。为达到刚体的受力平衡，锚碇叉桩对刚体的约束力除轴向力 N_D 和 N_Z 外，还应有桩顶切向力 H_D 和 H_Z，这是因为：叉桩的轴向压力 N_D 和 N_Z 均通过合力基准点 O，产生不了约束刚体旋转的抵抗力矩，只有桩顶切向力 H_D 和 H_Z 才能产生约束刚体旋转的抵抗力矩。

文献[6]的研究表明：对于标准叉桩，在拉杆拉力作用下，锚碇叉桩通常仅受

轴向力的作用，且前桩通常为压桩，而后桩通常为拉桩；而对于非标准叉桩，桩身除受到轴向力作用外，还受到桩顶切向力的作用。由于非标准叉桩在桩顶切向力作用下桩身将产生弯矩和剪力，因此，对于非标准叉桩，除需进行桩基承载力复核外，还需进行桩身截面抗弯和抗剪强度复核。在桩顶切向力作用下，桩身弯矩和剪力可按 m 值法进行计算。

3）全锚碇直桩结构的计算

全锚碇直桩即锚碇桩均为垂直桩，图 2-10 所示为泰州引江河第二期工程二线船闸闸室板桩墙锚碇结构简图。由于一、二线船闸相距较近，地基土层多为粉、细砂土层，且场区地下水位较高，为避免锤击沉桩引起地基震动和液化，从而危及一线船闸的安全和正常使用，故二线船闸闸室板桩墙锚碇桩选用施工工艺成熟、施工简单、水平承载力相对较高的钻孔灌注桩。

在拉杆拉力作用下，锚碇直桩的桩身内力及变形通常可将拉杆拉力分解到每根桩，然后按单桩进行桩身内力及变形分析计算，计算方法主要有 K 值法、m 值法、NL 法及 p-y 曲线法，目前，工程设计运用较多的是 m 值法。

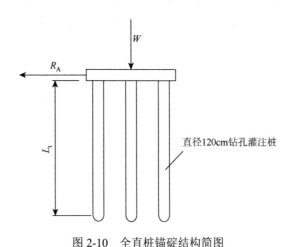

图 2-10　全直桩锚碇结构简图

根据现行规程[7]，对于承受水平力和弯矩的灌注桩宜按弹性长桩设计，其入土深度可按下列公式确定：

$$L_t \geqslant 4T \tag{2-18}$$

$$T = \left(\frac{E_p I_p}{m b_0}\right)^{1/5} \tag{2-19}$$

$$E_p I_p = 0.85 E_C I_0 \tag{2-20}$$

$$I_0 = W_0 d / 2 \tag{2-21}$$

$$W_0 = \pi d [d^2 + 2(\alpha_E - 1)\rho d_0^2] / 32 \tag{2-22}$$

式中，L_t 为桩的入土深度，m；T 为桩的相对刚度系数，m；E_p、E_C 分别为桩的弹性模量和混凝土的弹性模量，kN/m^2；I_p、I_0 分别为桩的截面惯性矩和桩身换算截面惯性矩，m^4；m 为桩侧地基土水平抗力系数随深度增加的比例系数，kN/m^4，当无试验资料时，可按表 2-1 取用；b_0 为桩的换算宽度，m；W_0 为桩身换算截面受拉边缘的弹性抵抗矩，m^3；d 为桩的设计直径，m；α_E 为桩身钢筋弹性模量与混凝土弹性模量的比值；ρ 为桩身截面配筋率，%；d_0 为桩身纵向钢筋中心所在圆的直径，m。

需要注意的是，当锚碇桩为群桩，且桩距不能满足 6 倍桩径时，桩侧地基土的水平抗力系数随深度增大的比例系数应作相应的折减，当桩距不大于 3 倍桩径时，折减系数取 0.25；当桩距不小于 6 倍桩径时，折减系数取 1.0；其间采用线性插值法取值。

表 2-1　土的 m 值

序号	土层名称	m 值/(kN/m^4)
1	流塑黏性土 $I_L \geq 1$，淤泥	$3000 \sim 5000$
2	软塑黏性土 $1 > I_L \geq 0.5$，粉砂	$5000 \sim 10000$
3	硬塑黏性土 $0.5 > I_L \geq 0$，细砂，中砂	$10000 \sim 20000$
4	坚硬、半坚硬黏性土 $I_L < 0$，粗砂	$20000 \sim 30000$
5	砾砂，角砾，圆砾，碎石，卵石	$30000 \sim 80000$
6	密实卵石夹粗砂，密实漂卵石	$80000 \sim 120000$

注：（1）本表适用于桩身在地面处的水平位移最大值不超过 6mm，位移较大时，m 值应适当降低；（2）当桩侧为几种不同土层时，应将地面或局部冲刷线以下 $h_m = 2(d+1)m$ 深度内土层的 m 值求加权平均值作为计算值；（3）当桩基侧面设有斜坡或台阶，且其坡度或台阶总深与总宽之比超过 1：20 时，表中 m 值应减少 50%。

2.3　高挡土板桩墙设计中的构造措施

高挡土板桩墙的前墙可采用板桩结构，也可采用地下连续墙结构；当前墙采用矩形板桩时，其厚度应根据计算确定，一般可取 200~600cm，厚度较大时可采用空心板；板桩宽度一般可取 500~600mm，施工条件允许时可适当加宽。板桩顶的宽度应根据替打尺寸各边缩窄 20~40mm，缩窄段长度一般为 30~50cm。为增强相邻板桩的咬合效果，板桩一侧宜做凸榫，另一侧宜做凹槽，凹槽的深度不宜小于 50mm；为减小板桩端阻力，并使相邻板桩相互挤紧，桩尖段在厚度方向应做成楔形，在凹槽一侧应削成斜角。为增强板桩抗锤击能力，板桩顶部应设置 3~4 层钢筋网片；钢筋混凝土定位桩和转角桩的桩长宜比板桩长 1~2m，桩尖应做成对称形。当前墙采用现浇地下连续墙时，其厚度一般可取 600~1300cm；地连墙混凝土强度等级不宜小于 C30，地连墙主筋的保护层厚度不应小于 70mm，主筋直径应不小于 16mm。当墙后土为细颗粒土或前墙有防渗要求时，板桩（或地连墙）之间的接缝均应采取防渗防漏措施。板桩（或地连墙）与帽梁（或胸墙）之间宜采用刚性连接，其纵向钢筋伸入胸墙的长度应不小于钢筋的锚固长度；帽梁（或胸墙）的变形缝间距应根据当地气温变化、前墙的结构形式和地基条件等因素确定，一般可取 15~30m，在结构形式变化处、水深变化处、地基土质差别较大处和新旧结构衔接处，必须设置变形缝。帽梁（或胸墙）混凝土浇筑前，板桩桩头破损混凝土或地连墙顶部浮浆层应予凿除。

拉锚板桩墙的拉杆应采用钢拉杆，其制作材料与力学性能应符合现行行业标准《水运工程钢结构设计规范》（JTS 152—2012）和现行国家标准《钢拉杆》（GB/T 20934—2007）的有关规定；钢拉杆的直径应由计算确定，一般可取 40~100mm；拉杆的间距宜取板桩宽度的整数倍，一般为 1.0~3.0m；当拉杆的总长度大于 12m 时，宜采用张紧器连接，并在靠近前墙和锚碇结构的两端各设 1 个竖向铰；当拉杆的总长度小于 12m 时，可只在靠近前墙处设置 1 个竖向铰；

张紧器两侧的拉杆长度超过 12m 时，宜分节制作，分节之间可采用螺纹连接或焊接；拉杆宜设在高程较低且便于施工的位置，当采用锚碇墙（板）锚碇时，拉杆位置宜与锚碇墙（板）上土压力合力作用点重合；拉杆安装时应施加一定的初始拉力，初始拉力可取设计拉杆拉力的 10%，拉杆张紧时应尽可能保证各拉杆初始拉力相同，在条件允许的情况下，同一分段内的拉杆宜同时进行张紧作业。

对于高挡土拉锚板桩墙，锚碇结构宜优先考虑采用桩锚。当采用叉桩锚碇时，锚碇叉桩的斜度宜取 4∶1 或更缓，两桩桩顶的净距在施工条件允许的情况下宜减小；叉桩的桩顶宜用现浇钢筋混凝土导梁连接。当采用直桩锚碇时，对于单排桩，桩顶可用现浇钢筋混凝土导梁连接；对于双排桩或多排桩，桩顶可采用现浇钢筋混凝土梁系连接，也可采用现浇钢筋混凝土承台连接。

板桩墙墙前土方开挖在拉锚体系已形成且墙后回填基本完成后方可进行，墙后拉杆以下回填宜采用砂、砾等透水性强、易于密实的材料回填，并可采用振捣密实或夯实；拉杆以上可采用原土料回填，并分层碾压密实；当场区地震基本烈度为 6 度或 6 度以上时，墙后回填不宜采用粉砂、细砂等易液化材料回填；当原土层为易液化土时，应换填不液化土或采取加固措施。墙前土方开挖应分层进行，分层厚度应根据开挖过程结构内力与位移变化情况适时进行调整；由于结构位移将会导致墙后土体发生蠕动，从而导致土体力学性能的下降，因此，当结构位移变化较快时，应暂停开挖，待结构位移及墙后土体稳定后再行开挖。

2.4　泰州引江河第二期工程二线船闸高挡土板桩墙的设计

泰州引江河位于泰州大道以西约 3.0km 处，河线呈南北走向，南起长江，北接新通扬运河，全长 24km。泰州引江河是一项以引水为主，灌排航综合利用，支撑苏北地区和沿海发展的基础设施工程。一期工程按自流引江 300m³/s 的规模设计，河道采用宽浅式，河道上部按最终断面一次挖成，下部放缓边坡，挖至底高程–3.5～–3.0m，底宽 80m。主要控制性建筑物为高港枢纽，包括泵站、节制闸、调度闸、送水闸、船闸、110kV 变电所等。泰州引江河第二期工程在一期工程基础上进一步浚深，使其满足总体规划规模，即可自流引江 600m³/s。工程建设的主要内容有河道工程、河道防护工程、高港枢纽二线船闸工程等。

二线船闸位于一线船闸西侧，其顺水流向中心线距一线船闸中心线 70m。受场地条件制约，二线船闸在闸室和上、下游导航墙结构设计中均采用了高挡土板桩墙结构。

2.4.1 闸室结构的高挡土板桩墙设计

1. 闸室结构布置

闸室结构图如图 2-11 所示。闸室采用分离式结构，全长 230m，分为 12 节。闸室墙为灌注桩拉锚式板桩墙，墙顶高程 1.5m，底高程–15.0m，墙厚 0.8m，顶部现浇厚 1.2m 的钢筋混凝土闸墙，闸墙顶部高程 6.0m。墙后填土高程 6.0m。锚碇灌注桩直径 1.2m，闸室两侧各三排，桩底高程–12.7m，桩顶高程 1.8m，桩顶设宽 6.2m、厚 1.6m 的承台。拉杆直径 6.5cm。

闸室底板为钢筋混凝土透水底板，中间设钢筋混凝土撑梁，底板面高程为–4.5m，厚 30cm，反滤层为中石子、小石子、黄砂厚各 15cm 及土工布一层，混凝土纵梁断面为 60cm×120cm，横梁断面为 100cm×120cm，横梁兼做对顶撑梁。

板桩墙既是闸室永久承载受力结构，又是闸室防渗与基坑支护的一部分，该结构不仅可以利用拉锚地连墙的支护作用对闸室内土方实施垂直开挖以减小基坑开挖断面，而且可以利用闸室地连墙的截渗功能截断外围水体向闸室直接渗流以减小基坑降排水的难度。

2. 闸室地连墙计算

根据《板桩码头设计与施工规范》，地连墙应计算下列内容：入土深度、内力和拉杆拉力。

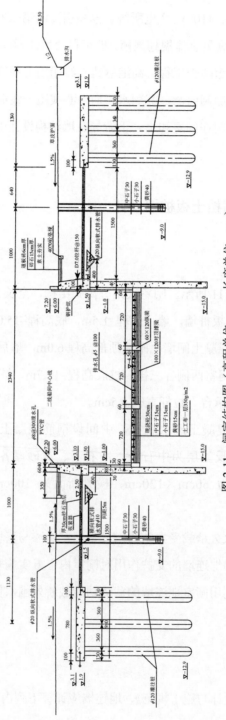

图 2-11 闸室结构图（高程单位：m，长度单位：cm）

1）地连墙的入土深度

闸室地连墙厚 0.8m，墙底高程为−15.0m，墙后填土高程为 6.0m，拉杆高程为 2.5m，闸室开挖高程为−5.7m。以施工期为计算工况，墙前控制水位为−5.70m，墙后水位为 4.20m。地连墙主要作用荷载为：墙后主动土压力、剩余水压力、墙前被动土压力和拉杆拉力等，不考虑可变荷载的作用，地连墙入土深度应满足式（2-23）的要求：

$$\gamma_0 \sum \gamma_G M_G \leqslant \frac{M_R}{\gamma_R} \qquad （2\text{-}23）$$

式中，γ_0 为结构重要性系数，取 1.0；γ_G 为永久作用分项系数，土压力取 1.35，剩余水压力取 1.05；M_G 为永久作用标准值产生的作用效应，kN·m，包括墙后土本身产生的主动土压力的标准值和剩余水压力的标准值对拉杆锚碇点的"踢脚"力矩；M_R 为墙前被动土压力的标准值对拉杆锚碇点的"踢脚"力矩，kN·m；γ_R 为抗力分项系数，取 1.25。

经计算，$\gamma_0 \sum \gamma_G M_G = 10674 \text{kN} \cdot \text{m}$，$\dfrac{M_R}{\gamma_R} = 38026.3 \text{kN} \cdot \text{m}$，地连墙入土深度满足规范要求。

2）地连墙的内力和拉杆拉力

地连墙内力采用竖向弹性地基梁法计算。

（1）墙后土质指标选用

由于地连墙墙后在高程 3.0m 以下均为原状土，回填土层可以通过控制回填速率来满足土的固结要求，因此墙后土土质指标采用勘探报告提供的各土层的固结快剪指标，拉杆高程 2.5m。

（2）结构计算

闸室地连墙计算选用河海大学结构内力分析软件（sgr4.0），分施工期和运用期两种模型，施工期模型主要用于自闸室开挖至底板浇筑这一时段的结构内力计算和强度复核，其结构形式为单锚地连墙结构；运用期模型主要用于闸室底板浇筑后及船闸投入运行后的结构内力计算和强度复核，由于闸室底板的顶撑作用，其结构形式为顶撑式拉锚地连墙结构。闸室底板的顶撑作用可按弹性杆件考虑。

模型结构的计算宽度取单位宽度 1.0m。拉杆及锚碇桩呈分离式间隔布置，需换算成单位宽度下的等效截面尺寸，拉杆为正截面受拉构件，可按等截面进行换算；锚碇桩则为弯压构件，可按等刚度进行换算。

弹性杆弹性系数由水平地基反力系数乘杆间距确定。模拟弹性杆间距为 1.0m，地基水平抗力系数随深度增加的比例系数 $m=2500$，灌注桩取 $m=8000$。

①施工期

施工期墙前需降水至–5.70m 以下，计算取墙前、墙后水位差为 1.5m，即控制墙后水位为–4.20m。施工期闸室墙结构主要受土压力作用，墙后土压力按主动土压力计算，由于闸室底板浇筑前闸室墙墙后不允许填土，故施工期土压力计算面高程为 2.5m（闸墙施工开挖面高程）。入土段墙后的主动土压力考虑由计算水底以上地面荷载加土体重产生的土压力。

闸室结构施工期计算模型、弯矩包络图如图 2-12 和图 2-13 所示。

施工期地连墙最大弯矩标准值为 677.2kN·m/m；

施工期灌注桩最大弯矩标准值为 128.7kN·m/m；

施工期拉杆最大拉力标准值为 $N=164.6$kN/m。

②使用期

船闸闸室底板底高程为–4.50m，使用期闸室墙后填土至高程 6.0m，以检修期为控制工况进行计算，检修期墙后水位为 2.0m。由于闸室两侧板桩结构使用期有闸室底板的支撑作用，根据《干船坞设计规范》板桩墙内力根据闸室底板形成顶撑作用前后的两个阶段，按不同计算图式及其相应荷载（后阶段计算荷载为相应于前阶段荷载的增量）进行计算，而后按各阶段的内力叠加进行设计。前阶段为施工期，后阶段为使用期增加的荷载，叠加后为使用期的结果。

墙后作用荷载有水压力和土压力，土压力按主动土压力计算，使用期荷载增量=使用期土压力+使用期水压力–施工期荷载。

在闸室的使用期各种工况中，由于船闸检修期墙前无水，为最危险工况，故选择检修期计算运用期闸室地连墙内力。闸室结构检修期计算模型、弯矩包络图如图 2-14 和图 2-15 所示。

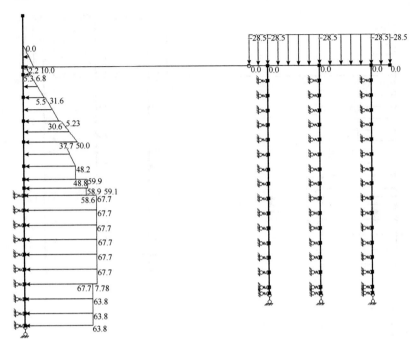

图 2-12　闸室结构施工期计算模型（单位：kN）

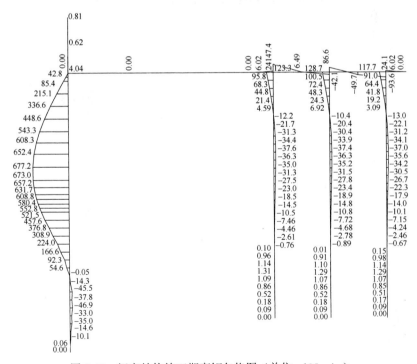

图 2-13　闸室结构施工期弯矩包络图（单位：kN·m/m）

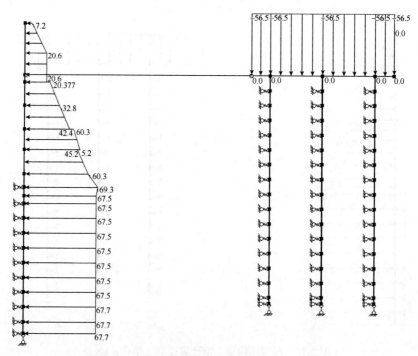

图 2-14　闸室结构检修期计算模型（单位：kN）

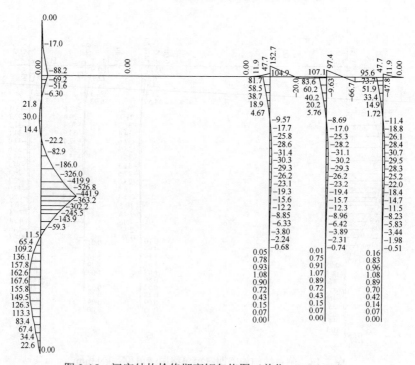

图 2-15　闸室结构检修期弯矩包络图（单位：kN·m/m）

检修期地连墙最大弯矩标准值为 526.8kN·m/m；

检修期灌注桩最大弯矩标准值为 107.1kN·m/m；

检修期拉杆最大拉力标准值为 N=136.9kN/m。

闸室地连墙最终弯矩为施工期与检修期弯矩叠加值，见图 2-16。

根据以上计算，闸室结构内力计算见表 2-2。

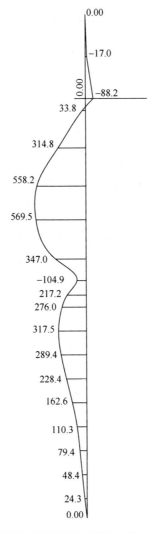

图 2-16　闸室地连墙弯矩包络图（单位：kN·m/m）

表 2-2 闸室结构内力及配筋计算表

工况	水位		拉杆拉力 /(kN/m)	墙身最大弯矩标准值 /(kN·m/m)	灌注桩最大弯矩标准值 /(kN·m)
	闸室侧	闸室外侧			
施工期	−5.7	−4.2	112.7	677.2	128.7
检修期	−5.1	2.0	136.9	−526.8	107.1
叠加后			249.6	569.5	235.8
配筋/mm²	需配		2877.2mm²		4523.9mm²
	实配		3142mm²（Φ20@10）		6282mm²（20Φ20）

注：Φ为三级钢筋符号。

3. 拉杆直径计算

拉杆直径计算公式为

$$d = 2\sqrt{\frac{1000R_A\gamma_{RA}}{\pi f_t}} + \Delta d \qquad (2\text{-}24)$$

$$R_A = \varepsilon_R R_a l_a \sec\theta \qquad (2\text{-}25)$$

式中，d 为拉杆直径，m；R_A 为拉杆拉力标准值，kN；ε_R 为拉杆受力不均匀系数，取 1.35；R_a 为每米板宽拉杆拉力标准值，取 249.6kN/m；θ 为拉杆与水平面的夹角，(°)；l_a 为拉杆间距，取 1.5m；γ_{RA} 为拉杆拉力分项系数，取 1.35；f_t 为钢材的抗拉设计强度，取 250N/mm²；Δd 为预留锈蚀量，可取 2～3mm，本次设计取 2mm。

经计算，拉杆直径为 62.0mm，取 70mm，采用 Q345 低合金钢。

2.4.2 下游引航道的高挡土板桩墙设计

1. 下游引航道的布置

下游引航道结构图见图 2-17。下游引航道西侧护岸采用灌注桩拉锚地连墙结构，护坡长度至下游引航道与江堤交圈处。河底高程为−4.5～−4.0m，河底高程至高程 6.0m 之间的护坡采用灌注桩拉锚地连墙结构，墙身厚 60cm，地连墙底高程−15.0m，锚碇结构为双排直径为 120cm 的灌注桩，间距 3.6m，顶高程 2.7m，底高程−12.3m。拉杆中心高程 3.3m，直径 60mm 的 Q345 钢拉杆，间距 1.5m。高程 6.0～9.0m 边坡为 1∶2，采用草皮护坡。

2. 下游引航道地连墙计算

根据《板桩码头设计与施工规范》，地连墙应计算下列内容：入土深度、内力和拉杆拉力。

1）地连墙的入土深度

引航道地连墙厚 0.6m，墙底高程为–15.0m，墙后填土高程为 6.0m，拉杆高程为 3.3m，墙前河底开挖高程为–4.5～–4.0m。以施工期为计算工况，墙前控制水位为–4.5m，墙后水位为–3.5m。地连墙主要作用荷载为：墙后主动土压力、剩余水压力、墙前被动土压力和拉杆拉力等，不考虑可变荷载的作用，地连墙入土深度应满足式（2-23）的要求，式中各系数取值同闸室结构的地连墙入土深度计算。

经计算，$\gamma_0 \sum \gamma_G M_G = 12603\text{kN} \cdot \text{m}$，$\dfrac{M_R}{\gamma_R} = 23933\text{kN} \cdot \text{m}$，地连墙入土深度满足规范要求。

2）地连墙的内力和拉杆拉力

地连墙内力采用竖向弹性地基梁法计算。

（1）墙后土质指标选用

由于地连墙墙后在高程 3.3m 以下均为原状土，回填土层可以通过控制回填速率来满足土的固结要求，因此墙后土土质指标采用勘探报告提供的各土层的固结快剪指标，拉杆高程 3.3m。

（2）结构计算

下游引航道地连墙计算选用河海大学结构内力分析软件（sgr4.0），取墙后水位 6.0m，墙前水位 4.5m 时的使用情况为控制工况计算。

模型结构的计算宽度取单位宽度 1.0m。拉杆及锚碇桩呈分离式间隔布置，需换算成单位宽度下的等效截面尺寸，拉杆为正截面受拉构件，可按等截面进行换算；锚碇桩则为弯压构件，可按等效刚度进行换算。

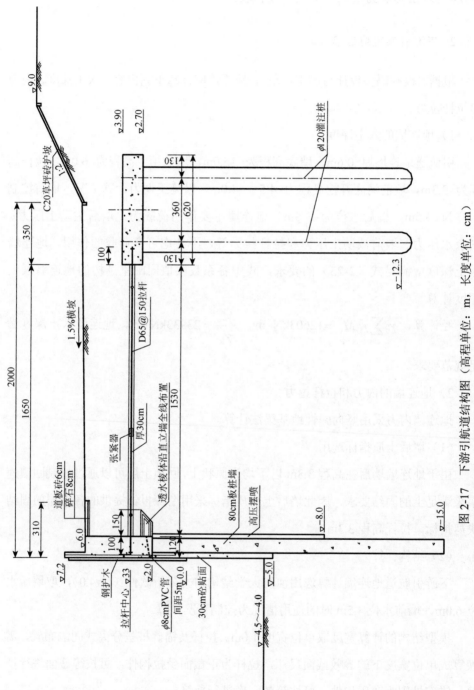

图 2-17 下游引航道结构图（高程单位：m，长度单位：cm）

弹性杆弹性系数由水平地基反力系数乘杆间距确定。模拟弹性杆间距为
1.0m，地基水平抗力系数随深度增加的比例系数 m=2000，灌注桩取 m=8000。

下游引航道地连墙计算取墙后水位 6.0m，墙前水位 4.50m 的使用工况为控制
工况。地连墙结构主要受土压力、剩余水压力作用，墙后土压力按主动土压力计
算，入土段墙后的主动土压力考虑由计算水底以上地面荷载加土体自重产生的土
压力。

下游引航道使用期计算模型、弯矩包络图如图 2-18 和图 2-19 所示。

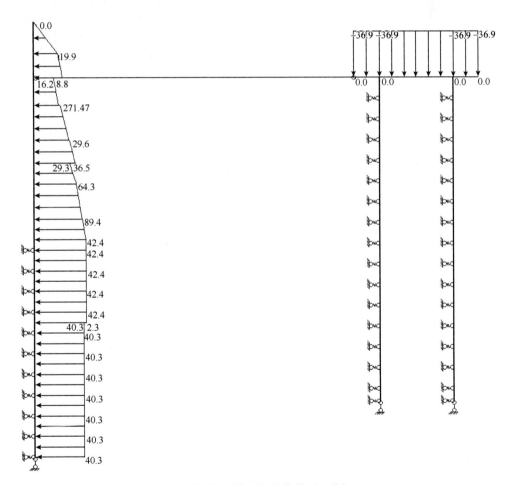

图 2-18　下游引航道使用期计算模型（单位：kN）

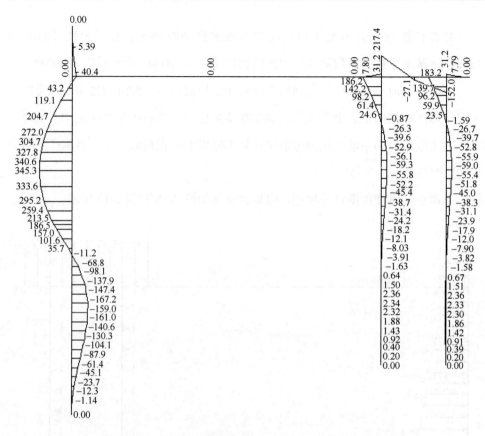

图 2-19 下游引航道使用期弯矩包络图（单位：kN·m/m）

根据以上计算，下游引航道护岸结构内力计算结果见表 2-3。

表 2-3 下游西侧引航道结构内力计算

工况	水位		拉杆拉力/	墙身最大弯矩标准值/	灌注桩最大弯矩标准值/
	墙前侧	墙后侧	/(kN/m)	(kN·m/m)	(kN·m/m)
使用期	4.5	6	175	345.3	186.2
配筋/mm²	—	—	—	10Φ22（3801）	18Φ20（5656）

3. 拉杆直径计算

拉杆直径计算公式同式（2-24）和式（2-25）。R_a 为 175kN/m，其余各量取值同闸室结构的拉杆计算。

经计算，拉杆直径为 51.9mm，取 60mm，采用 Q345 低合金钢。

2.5　本　章　小　结

影响高挡土板桩墙设计的主要因素有地形、地质、水文自然条件、板桩墙的结构形式及可变荷载作用等。高挡土板桩墙设计需充分了解工程所在地自然地形、工程地质、水文条件、使用要求、施工水平等方面，经技术、经济、安全、使用、耐久性等综合比选确定最优的高挡土板桩墙结构设计方案。为保证高挡土板桩墙结构整体受力协调一致以及结构使用寿命，对高挡土板桩墙前墙、锚碇、拉杆以及墙后回填土，现行规范均提出了具体的构造要求。

现行规范中拉锚板桩墙的计算方法主要有弹性线法和竖向弹性地基梁法，弹性线法主要适用于单锚板桩墙弹性嵌固状态的计算，而竖向弹性地基梁法则适用于单锚和多锚板桩墙的任何工作状态。两种计算方法均是以拉杆为界，计算确定拉杆拉力，将板桩墙和锚碇结构作为两个独立的脱离体再分别进行计算，其内容主要包括作用荷载分析、结构内力分析以及结构位移复核等。随着有限元计算方法在工程结构中的广泛应用，提出将单锚板桩结构的前墙、拉杆、锚碇结构简化为梁杆系统，建立整体结构计算模型，采用竖向弹性地基梁法对整体结构进行受力分析，更接近高挡土板桩墙的实际工作状态。

泰州引江河第二期工程二线船闸闸室和上、下游导航墙结构设计中均采用了高挡土板桩墙结构，挡土高度均在 10m 以上。结构计算采用竖向弹性地基梁法对前墙、拉杆、锚碇桩整体结构进行受力分析，并通过现场测试验证，其理论计算与结构测试结果基本一致。

参 考 文 献

[1]　JTS167-3—2009. 板桩码头设计与施工规范[S]. 北京：人民交通出版社，2009.

[2]　钱祖宾，沈建霞，乔婷，等. 地基渗流对板桩码头剩余水压力的影响分析[J]. 水运工程，2013，（5）：157-161.

[3]　JTS 144-1—2010. 港口工程荷载规范[S]. 北京：人民交通出版社，2010.

[4]   JTS 146—2012. 水运工程抗震设计规范[S]. 北京：人民交通出版社，2012.

[5]   江祖铭，王崇礼. 墩台与基础（公路桥涵设计手册）[M]. 北京：人民交通出版社，1991.

[6]   钱祖宾，单海春，徐莉萍，等. 锚碇叉桩的受力分析[J]. 水运工程，2014，（6）：142-145.

[7]   JTS248—2001. 港口工程灌注桩设计与施工规程[S]. 北京：人民交通出版社，2001.

第3章 基于大变位板桩墙结构实测位移的 m 值反演

板桩墙结构因其构造简单、适用性强、耗材少、工程造价经济等优点，被广泛应用于沿海沿江地区的码头、船闸、船坞和护岸等挡水、挡土工程[1]。目前对板桩墙结构的设计计算中，可以采用有限元方法分析[2]，但由于弹性地基梁法不仅能够考虑板桩墙结构的平衡条件和与土体间的变形协调，而且能够兼顾拉杆或支撑结构施加的预应力的影响，成为应用最为广泛的方法[3]。弹性地基梁法将土体视为弹性变形介质，朱金龙等[4]将其用于计算验证软土地基上桩基桥墩的实测结果，发现计算结果与实际情况符合得较好；戴自航等[5]针对多层地基分别采用 m 值的有限差分法和杆系有限单元法计算水平荷载桩身的位移和内力，两种方法所得结果一致；Bilgin 等[6]对单锚板桩墙结构提出了新的地基反力系数分布，为单锚板桩结构的设计提供了一定的依据。

然而 m 值的选取，不仅与土体的类别和物理性质有关，还与板桩墙的刚度、水平位移、埋深及荷载作用方式等有关，给确定工程地区的土体 m 值带来较大的困难。m 值可通过水平静荷载试验确定[7]，但由于试验条件的限制，多数情况下难以实现。当无试验数据时，可参照现行规范[8]给出的各土体 m 值的取值范围，但其选取的范围较宽，设计人员难于把握，m 值取值偶然因素太多，故需要结合实际工程土体性质及板桩墙变形情况进行反分析[9-11]，从而确定合适的 m 值。这些 m 值大多是当板桩墙计算泥面变形较小时选取的，而在许多实际工程中，计算泥面水平位移往往大于 10mm。现行规范[8]中也只是规定当板桩墙计算泥面位移大于10mm 时，泥面以下一定深度范围内土层 m 值取表中范围的下限值，选取具有一定的随意性，故 m 值在结构大变位情况下的选取仍然需要进一步研究。

为了更为准确地确定软土地基上板桩墙结构大变位情况下 m 值的选取，

基于竖向弹性地基梁传递矩阵法，计算板桩墙的变形性态，对相应的土层采取分层选取的方式，建立了求解 m 值的不动点法迭代格式，依据泰州引江河第二期工程二线船闸闸室板桩墙的现场实测水平位移进行 m 值反演分析，得出了该场地粉砂土层的 m 值建议取值范围，并用于预测下游导航墙的水平位移，且同现场实测结果进行对比。再通过另外两个长江下游地区典型工程中的板桩墙现场实测水平位移，反演得出相应的粉质黏土和粉砂土的 m 值建议取值范围。最后总结归纳出该地区类似软土地基的 m 值建议取值范围，以便为土层相近或者类似地区板桩墙设计提供参考和依据。

3.1　反分析原理与力学模型

选取单位宽度的板桩墙作为竖向放置弹性地基梁，将墙前土体视为土弹簧，墙后作用侧向土压力及剩余水压力等，板桩墙上作用有支撑结构或者拉杆，此为现行规范[8]推荐和工程界常用的竖向弹性地基梁法。计算中使用到的 m 值可通过单桩水平荷载试验方法确定，当无试验资料时，可按照表 3-1 选用。

表 3-1　土的比例系数 m 参考值

地基土质情况	m 值/(kN/m^4)
$I_L \geqslant 1$ 的黏性土，淤泥	1000～2000
$1 > I_L \geqslant 0.5$ 的黏性土，粉砂	2001～4000
$0.5 > I_L \geqslant 0$ 的黏性土，细砂，中砂	4001～6000
$I_L < 0$ 的黏性土，粗砂	6001～10000
砾石，砾砂，碎石，卵石	10001～20000

注：板桩墙桩在计算水底处的水平变位大于 10mm 时，m 值取表中下限值；I_L 为土的液性指数。

板桩墙结构分析中，将图 3-1 所示竖向弹性地基梁从泥面处切开，泥面以上墙段视为底端固定的悬臂梁，其上作用有支撑结构或者拉杆、墙后朗肯主动土压力及剩余水压力；泥面以下的墙段为埋于地基土中的竖向弹性地基梁，两端均为自由边界，顶端作用有水平力 Q(kN)和力矩 M(kN·m)，其分别为此断面的剪力和弯矩，墙后作用有超载土压力及剩余水压力，总强度为 q_D (kN/m^2)，如图 3-2 所示。

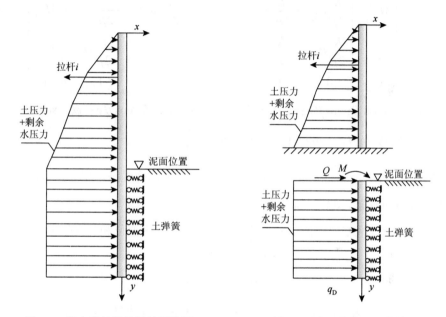

图 3-1　竖向弹性地基梁计算简图　　　　　　图 3-2　水平荷载下计算模型

　　竖向弹性地基梁泥面以下墙段采用传递矩阵法计算，即通过梁一端的初始状态及所受的荷载求得各点的位移和内力状态。基于 Winkler 假定，竖向弹性地基梁的微段，根据力和弯矩的平衡，可以得到如下微分方程式：

$$\frac{\mathrm{d}x}{\mathrm{d}y} = -\theta, \quad \frac{\mathrm{d}M}{\mathrm{d}y} = Q, \quad \frac{\mathrm{d}Q}{\mathrm{d}y} = Kx - q_D \tag{3-1}$$

式中，x 为微分段的水平变位，m；y 为微分段的深度，m；Q 为作用于微分段上的剪力，N；M 为作用于微分段上的弯矩，N·m；q_D 为作用于微分段上水平均布荷载，N/m；K 为土体水平地基反力系数，$K=my$，m 为比例系数。

　　将式（3-1）写成矩阵形式，并通过拉普拉斯变换[12]，可得到增广矩阵形式：

$$
\begin{bmatrix} x_i \\ \theta_i \\ M_i \\ Q_i \\ 1 \end{bmatrix} = \begin{bmatrix} \varphi_1 & -\dfrac{1}{2\beta}\varphi_2 & -\dfrac{2\beta^2}{K}\varphi_3 & -\dfrac{\beta}{K}\varphi_4 & -\dfrac{q}{K}(1-\varphi_1) \\ \beta\varphi_4 & \varphi_1 & \dfrac{2\beta^3}{K}\varphi_3 & \dfrac{2\beta^2}{K}\varphi_3 & -\dfrac{\beta q}{K}\varphi_4 \\ \dfrac{K}{2\beta}\varphi_3 & -\dfrac{K}{4\beta^3}\varphi_4 & \varphi_1 & \dfrac{1}{2\beta}\varphi_2 & -\dfrac{q}{2\beta^2}\varphi_3 \\ \dfrac{K}{2\beta}\varphi_2 & -\dfrac{K}{2\beta^2}\varphi_3 & -\beta\varphi_4 & \varphi_1 & -\dfrac{q}{2\beta}\varphi_2 \\ 0 & 0 & 0 & 0 & 1 \end{bmatrix} \begin{bmatrix} x_{i-1} \\ \theta_{i-1} \\ M_{i-1} \\ Q_{i-1} \\ 1 \end{bmatrix} \tag{3-2}
$$

式中，$\varphi_1 = \cosh\beta y \cos\beta y$；$\varphi_2 = \cosh\beta y \sin\beta y + \sinh\beta y \cos\beta y$；$\varphi_3 = \sinh\beta y \sin\beta y$；$\varphi_4 = \cosh\beta y \sin\beta y - \sinh\beta y \cos\beta y$；$\beta^4 = \dfrac{K}{4EI}$。

式（3-2）表明：通过一个五阶矩阵，可将竖向弹性地基梁任意截面 $i-1$ 处的状态传递到截面 i 处，从而求得该截面的状态。

竖向弹性地基梁泥面以上墙体任意一点 j 的水平变位和角变位为

$$
\delta_j = x_0 + \varphi_0 h_j + \Delta_j + f_{jR} \tag{3-3}
$$

$$
\varphi_j = \varphi_0 + \phi_j + \varphi_{jR} \tag{3-4}
$$

式中，δ_j 和 φ_j 为泥面以上板桩墙 j 点的水平位移和 j 点转角；Δ_j 和 ϕ_j 为悬臂梁在墙后土压力和水压力共同作用下产生的 j 点水平变位和角变位；f_{jR} 和 φ_{jR} 为悬臂梁在拉杆作用下产生的 j 点的水平变位和角变位；x_0 和 φ_0 为竖向弹性地基梁入土段顶端（泥面处）的水平位移和转角；h_j 为 j 点到泥面处的距离，m。

3.2 不动点迭代求解 m 值

以现场实际测量的板桩墙水平位移信息为基础，选择适当的力学模型（本书采用弹性地基梁传递矩阵法）及相应的边界条件，构造合适的目标函数使实测位移与计算位移尽量一致，得出最优解。采用最优化方法来反推待求的土层计算参数（如计算中使用到的 m 值）的方法即为位移反分析法。将板桩墙竖向弹性地基梁分析方法和非线性优化方法相结合，建立地基土 m 值的直接位移反分析方法，为了使计算值从整体上尽可能与全部实测值接近，要求两者偏差的平方和最小，

故目标函数 Π 可写为

$$\Pi = \sum_{i=1}^{n}(x_i - x_i^*)^2 \tag{3-5}$$

式中，n 为测值总数；x_i^* 为第 i 点实测值水平位移；x_i 为相应的数值分析计算值。

实际上 m 值的选取受土层性质的影响，大多有关规范都是给出不同土质 m 值的变化区间，即 m 值存在如下约束条件：

$$m_{i,\min} \leqslant m_i \leqslant m_{i,\max}, \quad i = 1,2,3,\cdots,n \tag{3-6}$$

式中，$m_{i,\max}$ 和 $m_{i,\min}$ 分别是该土质参数 m 值的上、下限值，这样式（3-5）和式（3-6）就组成了一个非线性规划问题。

针对此非线性问题运用拟牛顿迭代法求解，构造一个迭代公式，逐次逼近求解。式（3-6）则可变为求任意截面实测位移 x_i^* 和数值计算值 x_i 交点的问题。因此，根据式（3-2）中竖向弹性地基梁段水平位移 x_i 计算公式经过变换[13]，再与实测位移 x_i^* 分别乘以 m（kN/m⁴），有

$$g(m) = x_i m = \frac{Q}{\sqrt[5]{b^3(EI/m)^2}}A_{x_i} + \frac{M}{\sqrt[5]{b^2(EI/m)^3}}B_{x_i} + \frac{bq_D}{\sqrt[5]{b^4 EI/m}}E_{x_i} \tag{3-7}$$

$$f(m) = x_i^* m \tag{3-8}$$

式中，m 为地基系数随深度增长的比例系数，kN/m⁴；b 为板桩墙的计算宽度，m；EI 为板桩墙的抗弯刚度，kN/m²；A_{x_i}，B_{x_i}，$\cdots$，E_{x_i} 为土体的无量纲系数，由文献[12]中附表 2-4 查得。

$f(m)$ 和 $g(m)$ 均关于 m 值单调递增。根据拟牛顿法可构造迭代格式为

$$m_{k+1} = m_k - \frac{f(m_k) - g(m_k)}{x_i^*} \tag{3-9}$$

式（3-9）可以看成 $\varphi(m) = \dfrac{f(m) - g(m)}{x_i^*}$ 不动点迭代格式，这样就可以应用不动点迭代的收敛原则，只需证明在根 m^* 附近存在某一邻域 $(m^* - \delta, m^* + \delta)$，使得 $|\varphi'(m)| < 1$。由于

$$\varphi'(m) = \frac{f'(m) - g'(m)}{x_i^*} = 1 - \frac{g'(m)}{x_i^*} \tag{3-10}$$

而 $g'(m) = \dfrac{2}{5}\dfrac{Q}{\alpha^3 EI}A_{x_i} + \dfrac{3}{5}\dfrac{M}{\alpha^2 EI}B_{x_i} + \dfrac{1}{5}\dfrac{bq_D}{\alpha^4 EI}E_{x_i} < x_i = x_i^*$，那么由 $\varphi'(m)$ 的连续性可

知，存在一个邻域 $(m^* - \delta, m^* + \delta)$，对此邻域内的一切 m，有 $|\varphi'(m)| < 1$。故式（3-9）迭代满足收敛准则。

对该土层给定任意的 m 初值 m_0（在给定范围内），将计算值与实测值进行比较，通过不断迭代，当计算值和现场实测值的差异在误差允许范围内达到最小时，迭代得到 m^*。具体迭代步骤如下（第 k 步，$m=m_k$）：

（1）分别计算 $f(m)$ 和 $g(m)$ 的大小；

（2）比较 $f(m)$ 和 $g(m)$ 的差值，若 $|f(m) - g(m)| < \varepsilon$（$\varepsilon$ 为计算值与实测值误差允许范围），迭代结束，转入步骤（4），若不满足，转入步骤（3）；

（3）根据迭代公式（3-9）得出新的 m 值，$m=m_{k+1}$，转入步骤（1）；

（4）得到该土层的 m 值（m^*）。

m 值反分析计算流程图如图 3-3 所示。

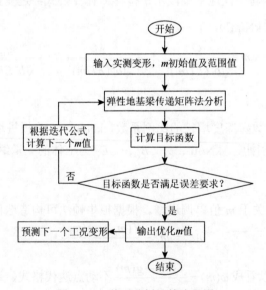

图 3-3 m 值反分析计算流程图

3.3 泰州引江河第二期工程二线船闸板桩墙闸室与导航墙的 m 值

泰州引江河第二期工程二线船闸位于一期船闸西侧，工程有关参数见 2.4 节。

闸室墙结构断面及各土层分布见图 3-4，各土层材料参数指标见表 3-2。

表 3-2　各土层的材料参数

名称	各层土体高程/m	密度/(g/cm³)	黏聚力 *c*/kPa	内摩擦角 φ/(°)
回填土	2.0～6.0	1.97	0	28.0
砂壤土	−1.16～2.0	1.98	6.0	24.6
粉质黏土	−2.56～−1.16	1.94	14.4	15.5
粉砂	−15.0～−2.56	1.93	4.5	30.3

此处作用在竖向弹性地基梁上的土层为一层粉砂土，根据测斜仪工作原理及现场实测结果，竖向地基梁入土段共有 11 个测点，故将泥面以下墙段分为 10 段，除第一段为 0.3m 之外，每段均为 0.5m，土层也进行相应的分层。根据现场实测板桩墙水平位移进行反分析，得出粉砂土各层 *m* 值，其范围为 2000～2300kN/m⁴，结果如图 3-5 所示，随深度的增加，*m* 值整体规律呈增大趋势，其变化规律与文献[14]中的试验规律相符。

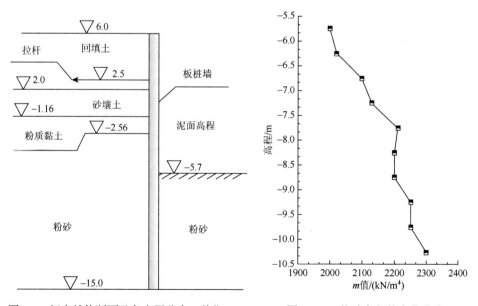

图 3-4　闸室结构断面及各土层分布（单位：m）　　图 3-5　*m* 值随高程的变化曲线

　　根据反演得到的 m 值计算出闸室板桩墙水平位移的反演值，并与规范[8]规定的 m 值计算出的规范值及实测（位移）值相比较，如图 3-6 所示。在泥面高程–5.7m以下，该部分板桩墙共 11 个测点，反演值与现场实测结果相比，最大误差 3.7%；泥面以上墙段共 23 个测点，反演值与现场实测结果相比，误差主要集中在拉杆和板桩墙最大水平位移附近，最大误差 4.6%，误差增大是由于未能考虑安装拉杆和开挖等施工过程的影响。规范值（是指按规范规定取用的 m 值计算的位移）与实测结果相比，最大位移处误差达 10.8%，主要是由于按规范要求 m 值取下限值，m 值偏小，致使计算得出的闸室墙水平变形比实测值偏大。整体而言，通过反演得到的 m 值计算出的闸室板桩墙水平位移反演值、规范值与现场实测值一致。运用此 m 值反演结果预测本工程中下游导航墙的水平变形，结果比较如图 3-7 所示。从图中可以看出，下游导航墙水平位移的预测值、规范值与现场实测值整体一致，其三者之间的规律与闸室板桩墙的计算结果规律相似。故依据反演得到的 m 值可以非常精确地预测不同工况下板桩墙的水平位移，这也说明经过反演分析可以得到准确反映该土体性态的 m 值。

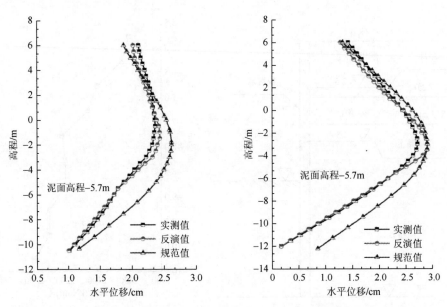

图 3-6　闸室墙水平位移反演值、规范值与实测　图 3-7　导航墙水平位移反演值、规范值与
　　　　值的比较曲线　　　　　　　　　　　　　　　　　实测值的比较曲线

3.4　长江下游沿岸部分工程土层 m 值

3.4.1　扬州市长江北汊南岸的某码头工程

某码头工程位于扬州市长江北汊的南岸[15]，码头面高程为 5.5m，码头前沿泥面高程为–2.0m，地连墙设计底高程–15.0m，墙厚 0.6m。墙前计算水位 2.4m，平均潮差为 2.40m。码头为单锚板桩墙结构，钢拉杆间距为 2.0m，采用竖向弹性地基梁法对单锚板桩结构进行受力分析时，板桩入土段墙后主动土压力为计算泥面以上土体产生的主动土压力，剩余水压力按照 1/2 平均潮差（即 1.2m）计算。其断面及各土层分布见图 3-8，各土层材料参数指标见表 3-3。

根据监测数据[15]，得知该码头板桩墙顶的水平位移在施工期时为 19mm，结合该工程的数值分析结果，对板桩墙计算的 m 值进行反演分析。竖向弹性地基梁泥面以下部分共 14 个测点，所处土层分别为粉质黏土、粉砂土 1 和粉砂土 2，也相应地被分为 13 层。各土层 m 值随高程的变化曲线如图 3-9 所示。从图中可以看出，粉质黏土层的 m 值随深度的增加急剧增大，最大为 3182kN/m⁴；粉砂土 1 被分为 7 层，其 m 值随深度变化略有增加，整体趋于稳定，范围为 2510～2804kN/m⁴；粉砂土 2 随深度呈稳定趋势，最小为 2279kN/m⁴。图 3-10 为该板桩墙水平位移的反演值、规范值与实测值的比较结果，其中泥面以下共 14 个测点，泥面以上共 8 个测点。从图中可以看出，板桩墙水平

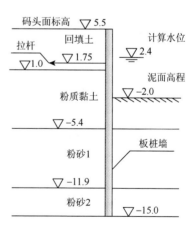

图 3-8　码头结构断面及各
土层分布（单位：m）

位移的反演值在泥面以下墙段与实测值一致，泥面以上墙段由于受到施工扰动的影响与现场实测结果，略有偏差，最大位移误差 3.3%；规范值比实测结果略微偏大，最大位移处误差 6.2%。整体而言，反演值、规范值与实测值三者

相符。

表 3-3　各土层的材料参数

名称	各层土体高程/m	密度/(g/cm³)	黏聚力 c/kPa	内摩擦角 φ/(°)
回填土	1.0～5.5	1.89	0	28.0
粉质黏土	−5.4～1.0	1.83	11.2	12.5
粉砂 1	−11.9～−5.4	1.82	4.9	27.3
粉砂 2	−15.0～−11.9	1.90	3.9	26.3

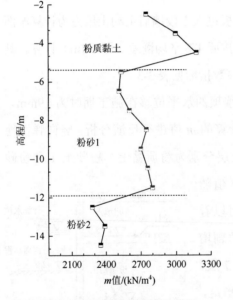

图 3-9　m 值随高程的变化曲线　　　图 3-10　反演值、规范值与实测值的比较曲线

3.4.2　苏州轨道交通一号线某车站

　　苏州轨道交通一号线某车站[11]采用明挖施工，板桩墙结构围护体系，其工程重要性等级为一级，工程场地地下水丰富，存在潜水和微承压水；软土土层分布广泛，厚度不均，各土层物理参数如表 3-4 所示。车站主体结构为厚 0.8m 的板桩墙结构，泥面高程−8.7m，采用边开挖边支护的施工方案，分别于高程 3.0m、−1.4m、−5.0m 和−8.2m 处布置支撑结构，其计算断面如图 3-11 所示。

表 3-4　各土层的材料参数

土层名称	各层土体高程/m	密度/(g/cm³)	黏聚力 c/kPa	内摩擦角 φ/(°)
素填土	1.6～4.0	1.85	12.0	12.0
粉质黏土 1	−3.4～1.6	1.95	24.0	16.1
粉质黏土 2	−7.2～−3.4	1.91	9.1	21.2
粉质黏土 3	−13.8～−7.2	1.89	8.4	27.5
粉质黏土 4	−18.0～−13.8	1.90	9.0	17.5

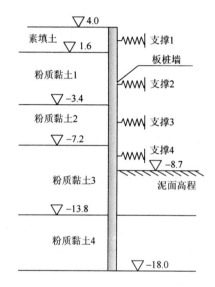

图 3-11　苏州轨道交通一号线某车站断面结构图（单位：m）

车站板桩墙结构泥面以下墙段所处土层分别为粉质黏土 3 和粉质黏土 4，反分析过程中将粉质黏土 3 分为 10 层，粉质黏土 4 分为 8 层，各层土体 m 值随深度的变化曲线如图 3-12 所示。从图中可以看出，粉质黏土 3 各土层随深度的增加呈增长趋势，最大达 3351kN/m⁴；粉质黏土 4 各土层随深度的增加而变化不大，整体趋于稳定，范围为 2761～2954kN/m⁴。图 3-13 为该板桩墙水平位移的反演值、规范值与实测值的比较结果，其中泥面以下共 18 个测点，泥面以上共 13 个测点。从图中可以看出，板桩墙水平位移反演值在泥面以下墙段与实测值一致，泥面以上墙段由于受到布置支撑、施工开挖等扰动的影响与现场实测结果，略有偏差，最大位移处误差 7.3%；规范值比实测结果偏大，最大位移处误差 13.1%。整体而言，反演值、规范值与实测值相符。

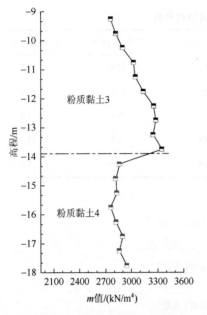

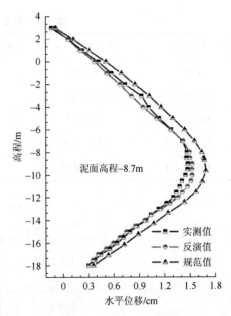

图 3-12 m 值随高程的变化曲线　　　　图 3-13 反演值、规范值与实测值的比较曲线

3.5　本　章　小　结

对于长江下游此类沿江沿湖漫滩地质，其土层多为粉砂和粉质黏土。板桩墙发生大变位时，粉砂和粉质黏土的 m 值采取分层选取的方式，结合三个典型工程中板桩墙结构的实测水平位移，反演得出各层土体的 m 值，结果见表 3-5。由表可以看出，粉砂 m 取值范围为 2000～2800kN/m⁴，粉质黏土 m 取值范围为 2700～3400kN/m⁴。反演缩小了 m 值的取值范围，丰富了有关地区土层 m 值的工程取值经验，可为今后类似地区类似土层 m 值的选取提供可靠依据。

表 3-5　长江下游粉质黏土、粉砂土层 m 值反演值

典型工程	地基土分类	密度/(g/cm³)	黏聚力 c/kPa	内摩擦角 φ/(°)	m 值分布/(kN/m⁴)
工程实例 1	粉砂	1.93	4.5	30.3	2000～2300
	粉质黏土	1.83	11.2	12.5	2750～3182
工程实例 2	粉砂	1.82	4.9	27.3	2510～2804
	粉砂	1.90	3.9	26.3	2279～2390
工程实例 3	粉质黏土	1.89	8.4	27.5	2761～3351
	粉质黏土	1.90	9.0	17.5	2761～2954

三个典型工程实例的反演值均与实测值吻合较好，表明对于高挡土板桩墙的设计计算，将地基土 m 值采取分层选取的方式较适宜。随着深度的增加，同一类土层 m 值也相应增大，一定深度以后 m 值趋于稳定。板桩墙泥面以下墙段水平位移反演值与实测值基本一致，受施工的扰动较小；板桩墙泥面以上墙段水平位移反演值与实测值存在一定的误差，其主要原因是在具体施工工程中，诸多因素如安装拉杆或支撑结构、开挖条件以及施工方法等会影响土体的参数。

参 考 文 献

[1]　刘永绣. 板桩和地下墙码头的设计理论和方法[M]. 北京：人民交通出版社，2006.

[2]　李荣庆，贡金鑫，杨国平. 板桩结构非线性有限元分析[J]. 水运工程，2010，（2）：110-115.

[3]　王浩芬. 有锚板桩墙计算方法[J]. 港工技术，1989，（1）：10-22.

[4]　朱金龙，孙力彤. 软土地基上桩基础使用 m 法计算的验证[J]. 同济大学学报（自然科学版），2003，31（8）：902-905.

[5]　戴自航，陈林靖. 多层地基中水平荷载桩计算 m 法的两种数值解[J]. 岩土工程学报，2007，29（5）：690-696.

[6]　Bilgin Ö. Lateral earth pressure coefficients for anchored sheet pile walls[J]. International Journal of Geomechanics，2012，12（5）：584-595.

[7]　吴锋，时蓓玲，卓杨. 水平受荷桩非线性 m 法研究[J]. 岩土工程学报，2009，31（9）：1398-1401.

[8]　JTS167-3—2009. 板桩码头设计与施工规范[S]. 北京：人民交通出版社，2009.

[9]　Finno R J，Calvello M. Supported excavations：Observational method and inverse modeling[J]. Journal of Geotechnical & Geoenvironmental Engineering，2005，131（7）：826-836.

[10]　宋建学，翟永亮，莫莉. 基于支撑内力和支护桩位移实测量的 m 值反演[J]. 岩土工程学报，2010，32（S1）：156-160.

[11]　王强，刘松玉，童立元，等. 多支撑地下连续墙动态开挖过程中 m 值反分析[J]. 东南大学学报（自然科学版），2011，41（2）：352-358.

[12]　夏国平. 斜拉-悬索协作体系桥的结构体系研究及其弹性地基梁算法[D]. 大连：大连理工大学，2010.

[13]　范文田. 地下墙柱静力计算[M]. 北京：人民铁道出版社，1978.

[14]　张宏垚. 大变位板桩墙结构的数值模拟与结构特性分析[D]. 天津：天津大学，2009.

[15]　朱庆华，钱祖宾，张福贵. 单锚板桩墙结构整体受力分析方法[J]. 人民黄河，2013，35（8）：96-98.

第4章　板桩墙结构二维整体模型分析

板桩墙墙体的变位程度直接关系到工程的安全和正常使用，拉杆内力与墙体变位有着直接的关系，对墙体内力有着重要的影响，国内已有多个工程因板桩墙结构出现裂缝发生渗漏的实例，例如，天津港南疆焦炭泊位卸车坑施工过程中地连墙结构槽段联结处出现渗漏[1]，南通惠生船坞工程开挖坞室完成井点拆除后发现板桩墙接头位置衬砌墙上有少量纵向裂缝并有渗水现象。当前实际工程中，对工程结构实际工作性态的掌握主要依赖于现场原型观测，但是完全依赖现场的原型观测结果，不仅成本很高，而且有时会严重影响施工进度。数值方法（如有限元法）的发展为工程设计和施工提供了有益的指导，国内外大量研究成果表明运用数值仿真技术可以揭示工程结构在施工期和使用期的真实工作性态，在评价工程结构安全性方面发挥了不可估量的作用。

本章以建设的泰州引江河第二期工程二线船闸为分析对象，基于 ABAQUS 商业有限元软件建立船闸板桩墙结构整体分析的二维有限元模型，预测锚碇桩、板桩墙的变形性态以及拉杆在施工期不同阶段的内力状态。

4.1　二维有限元整体模型

4.1.1　有限元网格

图 4-1 为泰州引江河第二期工程二线船闸典型的锚碇桩-拉杆-板桩墙结构体系，具体工程参数见 2.4 节。据此建立锚碇桩-拉杆-板桩墙-土体的有限元整体分析模型，图 4-2 为二维有限元计算网格，锚碇桩、板桩墙、土体的单元类型均为平面四节点等参元，采用平面应变模型进行分析，拉杆的单元类型为平面两节点

杆单元。选取的坐标系 x 方向垂直闸室，由左侧指向右侧，y 方向正向竖直向上。二维整体分析模型共有 66573 个节点，65606 个单元，其中板桩墙厚度方向剖分为 5 层单元，井字梁厚度方向剖分为 6 层单元。

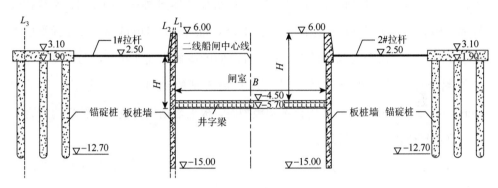

图 4-1　锚碇桩-拉杆-板桩墙结构体系（单位：m）

B-闸室宽度；H-泥面到闸顶高度；H'-拉杆布置高度

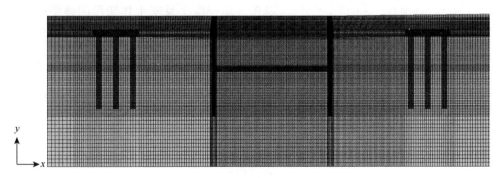

图 4-2　二维有限元计算网格

4.1.2　材料本构模型

针对不同的材料特性，本节主要采用了两种材料本构模型：线弹性模型和 Duncan-Chang 非线性弹性模型（E-v 本构模型）[2, 3]。

1. 线弹性模型

对于板桩墙、井字梁、锚碇桩以及拉杆采用线弹性本构模型进行计算。

2. Duncan-Chang 非线性弹性模型

考虑土体为线弹性本构模型时，计算结果与实际情况差距很大，在模拟闸室土体开挖过程中，闸室底层土体"反拱"，板桩墙整体向闸室外侧倾斜，不符合板桩墙结构的实际变形规律；当土体采用 Mohr-Coulomb 和 Drucker-Prager 弹塑性本构模型时，由于模型还包括板桩墙和土体之间的接触非线性问题，两种复杂非线性的耦合使得计算很难收敛。经过反复数值试验测试，最终考虑土体采用 Duncan-Chang 本构模型，采用该本构模型时，板桩墙结构的变形规律较为符合实际，且计算收敛性相对较好。

Duncan-Chang 模型是非线性弹性模型的典型代表，该模型的弹性模量是应力状态的函数，可以描述土体应力-应变关系的非线性和压硬性。该模型对加荷和卸荷的土体分别采用不同的模量，可以在一定程度上反映土体变形的弹塑性。虽然它不能描述土体的剪胀性和剪缩性，但该模型具有模型参数少、物理概念明确、确定计算参数所需的试验简单易行等优点，因此在土体的应力-变形分析中得到了广泛的应用。图 4-3 给出了 Duncan-Chang 应力-应变关系曲线。

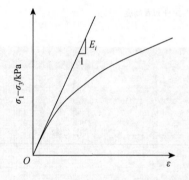

图 4-3　Duncan-Chang 应力-应变关系

加载时，Duncan-Chang 模型的切线模量为

$$E_t = k p_a \left(\frac{\sigma_3}{p_a} \right)^n (1 - R_f s)^2 \tag{4-1}$$

式中

$$s = \frac{(1 - \sin\varphi)(\sigma_1 - \sigma_3)}{2c\cos\varphi + 2\sigma_3 \sin\varphi} \tag{4-2}$$

E_t 为切线模量；k、n 为弹性模量中的无量纲系数；p_a 为大气压力；σ_3 为小主应力；R_f 为破坏比；s 为应力水平；c、φ 为有效应力强度参数；σ_1 为大主应力。

若单元处于卸荷或再加荷状态，改用回弹模量表示如下：

$$E_{ur} = k_{ur} p_a \left(\frac{\sigma_3}{p_a} \right)^n \qquad (4\text{-}3)$$

切线泊松比为

$$v_t = \frac{G - F \lg(\sigma_3/p_a)}{(1-A)^2} \qquad (4\text{-}4)$$

式中

$$A = \frac{D(\sigma_1 - \sigma_3)}{k p_a (\sigma_3/p_a)^n (1 - R_f s)} \qquad (4\text{-}5)$$

E_{ur} 为回弹模量；G、F、D 为侧向变形系数；k_{ur} 为卸荷比；参数 k、n、R_f、c、φ、G、F、D 可由土料的静三轴试验得到。

4.1.3　材料参数

1. 线弹性材料参数

板桩墙、井字梁底板、锚碇桩以及拉杆采用线弹性本构模型，参照现行规范[4]结合实际使用材料拟定材料参数，其材料参数见表 4-1。二维计算时，采用刚度等效的原则对锚碇桩的弹性模量进行相应的折减，折减后弹模为 5.94GPa。

表 4-1　线弹性材料参数

材料	密度 $\rho/(\text{kg/m}^3)$	弹性模量 E/GPa	泊松比 v
板桩墙	2500	28.0	0.2
井字梁底板	2500	30.0	0.2
锚碇桩	2400	28.0	0.167
拉杆	7800	200.0	0.3

2. Duncan-Chang 模型材料参数

土体采用 Duncan-Chang 本构模型，材料参数根据现场取样的土体静三轴试验得到，其参数见表 4-2。由于在施工过程中对土体进行碾压夯实，粉壤土（土层 1）

和砂土（土层 2）的土体性质与回填土近似，考虑为一种土体进行数值模拟，土体分层情况见表 4-3。

表 4-2　Duncan-Chang 模型参数

材料	密度 $\rho/(kg/m^3)$	弹性模量中的无量纲系数		破坏比 R_f	有效应力强度		侧向变形系数			卸荷比 k_{ur}
		k	n		c/Pa	$\varphi/(°)$	G	F	D	
土体 1	1960	319.0	0.423	0.823	30000	33.4	0.25	0.158	8.2	957.0
土体 2	1910	255.0	0.542	0.822	23700	40.2	0.35	0.108	3.4	765.0

表 4-3　土体分层情况

土层	高程/m	材料
回填土	2.00～6.00	土体 1
土层 1	1.00～2.00	土体 1
土层 2	−15.00～1.00	土体 1
土层 3	−15.00 以下	土体 2

4.1.4　接触本构模型

板桩墙与土体之间设置接触，采用点面接触模型，其接触模型的本构关系为[5, 6]

$$\begin{cases} p = 0, & h < 0 \\ h = 0, & p > 0 \end{cases} \tag{4-6}$$

式中，h 为接触面之间的相对位移（以嵌入为正）；p 为接触点对上的接触压力。

4.1.5　施工过程模拟

二维计算板桩墙结构填筑及开挖过程共分五个工况进行模拟（在 ABAQUS 中将每个工况细分，共 15 级，见表 4-4）。土体填筑及开挖通过 ABAQUS 的 Model

Change 功能实现，其中井字梁部分未浇筑前为土体，浇筑后为钢筋混凝土结构，井字梁浇筑前后材料本构模型发生改变，由于 ABAQUS 无法在一个分析模型中改变同一单元的材料本构模型，需要通过 ABAQUS 的 Import 功能实现这一过程[6]，在分析过程之间传递数据。

表 4-4　板桩墙结构填筑及开挖过程模拟

施工期	加载次序	填筑及开挖进度
工况 1	第 1 级	初始地应力平衡
工况 2	第 2~3 级	板桩墙墙后土体回填，回填至高程 4.0m 左右（回填土体每层厚度约 1.0m）
工况 3	第 4~11 级	闸室土体开挖至−5.7m 高程（开挖土体每层厚度约 1.0m）
工况 4	第 12~13 级	闸室内 1.2m 厚井字梁浇筑完毕
工况 5	第 14~15 级	继续回填板桩墙墙后土体，回填至高程 6m（回填土体每层厚度约 1.0m）

4.1.6　计算工况

工况 1：施工期（水位：闸室侧−5.7m，闸室外侧−4.2m），锚碇桩、板桩墙及拉杆已施工完毕，尚未填土，此时板桩墙墙后土体高程与闸室土体高程为 2.5m，如图 4-4（a）所示。

工况 2：施工期（水位：闸室侧−5.7m，闸室外侧−4.2m），板桩墙墙后土体回填，回填至高程 4.0m 左右，如图 4-4（b）所示。

工况 3：施工期（水位：闸室侧−5.7m，闸室外侧−4.2m），闸室土体开挖至−5.7m 高程，如图 4-4（c）所示。

工况 4：施工期（水位：闸室侧−5.7m，闸室外侧−4.2m），闸室内 1.2m 厚井字梁浇筑完闭，如图 4-4（d）所示。

工况 5：施工期（水位：闸室侧−5.7m，闸室外侧−4.2m），继续回填板桩墙墙后土体，回填至高程 6m，如图 4-4（e）所示。

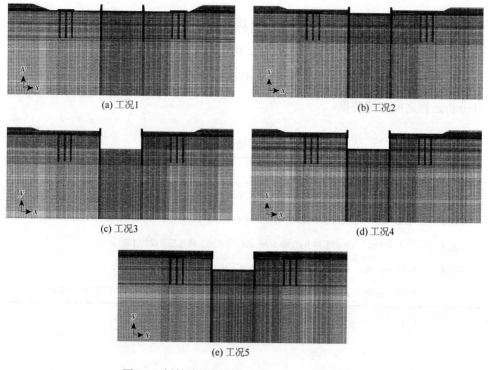

(a) 工况1　　　　　　　　　　　　　　　(b) 工况2

(c) 工况3　　　　　　　　　　　　　　　(d) 工况4

(e) 工况5

图 4-4　板桩墙结构计算分析工况（二维模型）

4.2　闸室施工过程模拟

4.2.1　锚碇桩、板桩墙变形情况

表 4-5 列出了不同工况下板桩墙、锚碇桩水平位移最值。图 4-5 为不同工况下板桩墙水平位移沿高程变化曲线。图 4-6 为不同工况下锚碇桩水平位移沿高程变化曲线。图 4-7 为不同工况下锚碇桩-拉杆-板桩墙结构变形图。图 4-8 给出了施工期不同阶段的板桩墙弯矩图。

从计算结果可以看出，在土体填筑和开挖过程中，板桩墙整体向闸室侧变位，在闸室土体开挖之前，板桩墙的位移接近线性分布，上部最大；闸室土体开挖后，墙体位移最大值发生在高程–2.50～1.00m，土体填筑和开挖完毕（工况 5）板桩墙位移达最大，最大位移值为 2.76cm。闸室土体的开挖过程对板桩墙的变位影响较大，闸室土体整个开挖过程中，板桩墙的最大位移从 0.49cm（工况 2）增加到 2.58cm

（工况 3），墙体根部的位移增加到约 0.42cm（工况 3），闸室井字梁浇筑完成，墙体根部的位移减少到 0.39cm（工况 4），板桩墙最大位移与挡土深度（11.7m）的比值为 0.24%，地连墙处于稳定状态。

在土体填筑和开挖过程中，锚碇桩整体向闸室侧变位，锚碇平台顶部的位移最大，土体填筑和开挖完毕（工况 5），最大位移值达 1.88cm。闸室土体的开挖过程同样对锚碇桩的变位影响较大，闸室土体整个开挖过程中，锚碇平台的位移从 0.38cm（工况 2）增加到 1.56cm（工况 3），桩基的位移增加到约 0.42cm（工况 3），闸室内井字梁浇筑完成，桩基的位移减少到 0.41cm（工况 4）。

表 4-5　不同工况下板桩墙、锚碇桩水平位移最大值　　　　单位：cm

结构	工况 1	工况 2	工况 3	工况 4	工况 5
板桩墙	0.008	0.49	2.58	2.60	2.76
锚碇桩	0.004	0.38	1.56	1.62	1.88

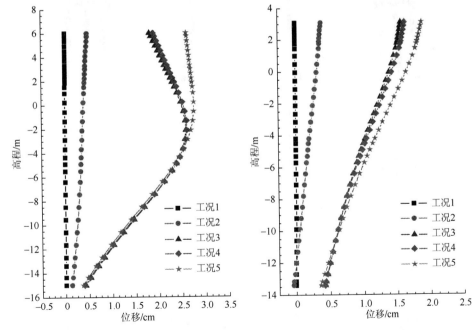

图 4-5　板桩墙水平位移沿高程变化曲线（图 4-1 中 L_1 位置，对应 10#测斜管，具体测斜管布置见第 7 章）　　图 4-6　锚碇桩水平位移沿高程变化曲线（图 4-1 中 L_3 位置，对应 9#测斜管）

工况 3 时，板桩墙弯矩达最大，最大值为 786.24kN·m/m。施工期结束（工况 5）时，板桩墙弯矩最大值为 600.00kN·m/m。

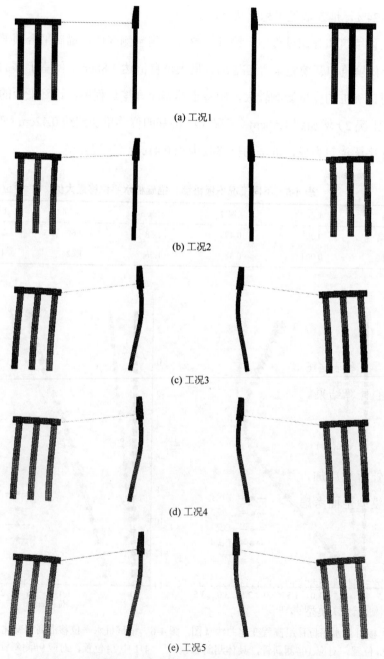

(a) 工况1

(b) 工况2

(c) 工况3

(d) 工况4

(e) 工况5

图 4-7 锚碇桩-拉杆-板桩墙结构变形图（放大 100 倍）

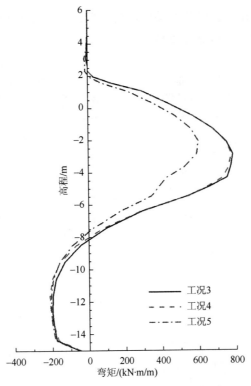

图 4-8　施工期不同阶段板桩墙弯矩图

图 4-9 和表 4-6 比较了基于有限元法的整体式模型与基于 m 值法的分离式模型的计算结果。基于 m 值法的分离式计算模型无法反映拉杆受力拉伸和变形对板桩墙结构弯矩、位移的影响，此时单根拉杆内力根据平衡条件得出为 385kN。文献[7]建议的整体式计算模型通过杆件有限元法求解，此时土压力通过外荷载施加，没有考虑地基土与板桩墙之间的相互作用。本章建议的整体式模型全面考虑了板桩墙结构-地基土-拉杆-锚碇的相互作用，更接近工程实际情况。

与基于 m 值法的分离式计算模型得到的弯矩（829.05kN·m/m）相比，本章建议的整体式计算模型计算得到的弯矩（786.24kN·m/m）减少了 5.16%，文献[7]建议的整体式计算模型计算得到的弯矩（698.00kN·m/m）减少了 15.81%。本章建议的整体式计算模型计算得到的板桩墙位移沿高程的变化曲线更接近实测位移曲线。因此，在板桩墙结构设计计算时，建立板桩墙结构-地基土-拉杆-锚碇的整体计算模型，采用有限单元法进行整体结构分析计算，其计算成果更接近于工程实际，计算成果更合理，可靠性更高。

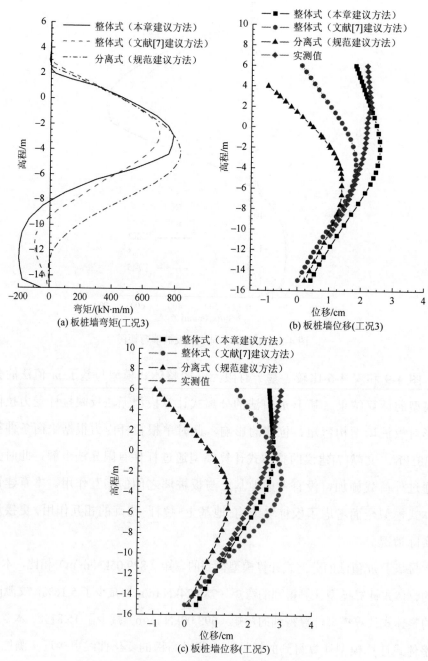

图 4-9　整体式模型与分离式模型计算结果比较

表 4-6　不同计算方法下板桩墙弯矩和位移的最大值

工况	弯矩/位移	整体式（本章建议方法）	整体式（文献[7]建议方法）	分离式（规范建议方法）	实测值
工况 3	最大弯矩/(kN·m/m)	786.24	698.00	829.05	
	最大位移/cm	2.58	1.83	1.38	2.31
工况 5	最大位移/cm	2.76	3.02	1.34	2.97

4.2.2　板桩墙应力变化情况

图 4-10 给出了不同工况下板桩墙主拉应力沿高程变化曲线。图 4-11 给出了施工期不同阶段板桩墙主拉应力最大值变化曲线。从图 4-10 中可以看出，不同工况下板桩墙主拉应力最大值发生在 –4.00～–2.00m 高程范围内，闸室土体开挖后、井字梁底板浇筑完（工况 4），板桩墙主拉应力最大值达 3.18MPa。图 4-12 给出了工况 3、工况 4 及工况 5 时板桩墙主拉应力最大值的分布。从图中可以看出，虽然

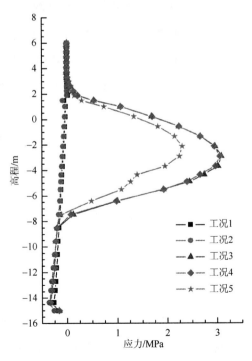

图 4-10　板桩墙主拉应力沿高程变化曲线（图 4-1 中 L_1 位置）

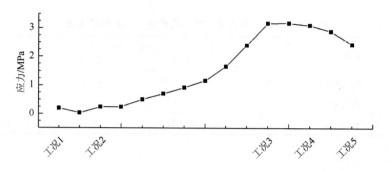

图 4-11 施工期不同阶段板桩墙主拉应力最大值变化曲线

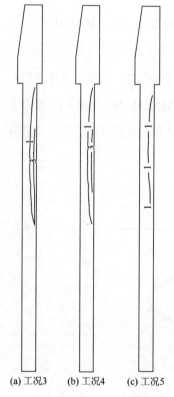

(a) 工况3　(b) 工况4　(c) 工况5

图 4-12 施工期板桩墙主拉
应力分布（单位：MPa）

计算得出的板桩墙主拉应力最大值为 3.18MPa，但板桩墙最大拉应力大于 3.0MPa 的区域较小，厚度方向最大区域处约占墙体厚度的 1/5。板桩墙主拉应力的突然增大主要是由于闸室土体的开挖扰动，而墙后土体的回填使板桩墙的主拉应力相对于土体开挖完成井字梁浇筑后（工况 4）有所减小。板桩墙后土体继续回填后，主动土压力作用于墙体，墙体顶部向闸室内侧变形增大，由于井字梁的作用，板桩墙底部变形极小，变形曲率减小，墙体中间段的剪应力变小，板桩墙截面的弯矩相应减小，因此板桩墙的主拉应力相对于土体开挖完成井字梁浇筑后（工况 4）有所减小。

4.2.3 拉杆内力变化情况

图 4-13 为施工期不同阶段拉杆内力变化曲线（取单根拉杆）。

从计算结果可以看出，土体填筑和开挖完毕（工况 5），拉杆内力达到最大值 403.46kN，闸室土体的开挖过程，也是拉杆内力的一个迅速增长期，拉杆内力从开挖前的 9.82kN（工况 2）增加到开挖后的 315.05kN（工况 3），板桩墙墙后土体填筑期间，拉杆内力曲线的变化趋势较为平缓，说明土体的回填对拉杆内力的影响相对小一些。

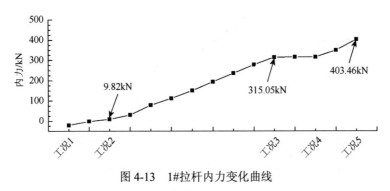

图 4-13　1#拉杆内力变化曲线

4.2.4　拉杆数量对板桩墙变形及应力的影响

图 4-14 给出了板桩墙水平位移最大值随拉杆间距（d）的变化曲线。图 4-15 给出了板桩墙拉应力最大值随拉杆间距的变化曲线。图 4-16 给出了拉杆内力最大值随拉杆间距的变化曲线。图 4-17 给出了不同拉杆间距下板桩墙水平位移沿高程的变化曲线。图 4-18 给出了不同拉杆间距下施工期板桩墙主拉应力最大值变化曲线。图 4-19 给出了不同间距下施工期拉杆内力的变化曲线。

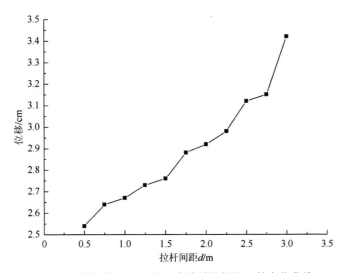

图 4-14　板桩墙水平位移最大值随拉杆间距的变化曲线

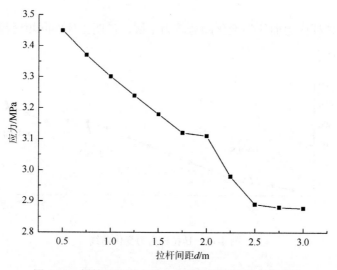

图 4-15　板桩墙拉应力最大值随拉杆间距的变化曲线

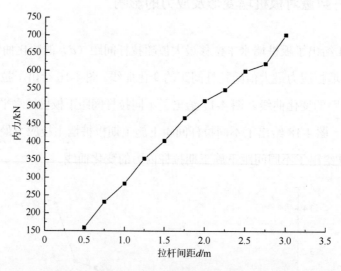

图 4-16　拉杆内力最大值随拉杆间距的变化曲线

　　拉杆布置的数量与板桩墙体变位有着直接的关系,对板桩墙体受力有着重要的影响,现行规范(JTS 167-3—2009)规定拉杆间距可采用 1.0～3.0m,本工程实际布置的拉杆量为每 19.5m 布置 13 根拉杆,即拉杆间距为 1.5m。这里重点研究了拉杆数量对板桩墙应力变形及拉杆内力的影响,得到了板桩墙水平位移、板桩墙拉应力以及拉杆内力随拉杆间距的变化关系,板桩墙水平位移随拉杆间距的增加而增大,板桩墙拉应力随拉杆间距的增加而减小,拉杆内力随拉杆间距的增加而

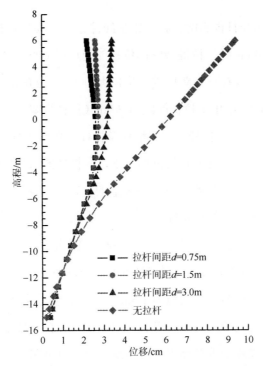

图 4-17 不同拉杆间距下板桩墙水平位移沿高程变化曲线（工况 5）

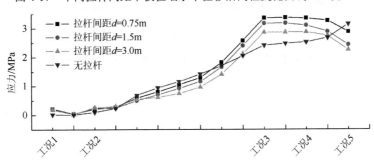

图 4-18 不同拉杆间距下施工期板桩墙主拉应力最大值变化曲线

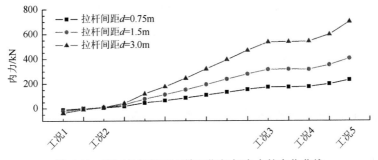

图 4-19 不同拉杆间距下施工期拉杆内力的变化曲线

增大。图 4-16 显示拉杆内力随拉杆间距呈线性分布。从图 4-14 可以看出，当拉杆间距为 1.75～2.00m 时，板桩墙侧向位移的变形率最小，同时板桩墙的最大拉应力也趋于稳定，建议拉杆间距可进一步扩大为 1.75～2.00m。

图 4-17～图 4-19 给出了拉杆间距为 3.0m（拉杆量减少一半）、1.5m、0.75m（拉杆量增加一倍）以及无拉杆情况下墙体及拉杆的变形曲线。从计算结果可以看出，在没有拉杆的情况（悬臂式板桩墙）下，板桩墙的水平位移大幅增加，位移最大值为 9.39cm，且板桩墙水平位移最大值的位置发生变化，板桩墙水平位移的大幅度增加严重影响闸室的稳定性。

拉杆间距为 3.0m 情况下，闸室内井字梁浇筑完毕（工况 4）时，板桩墙主拉应力达最大，最大值为 2.88MPa，比拉杆间距为 1.5m 时主拉应力最大值（3.18MPa）小，主拉应力变化规律与拉杆间距为 1.5m 时近似。但是拉杆间距为 3.0m 时单根杆件的内力最大值达到 701.13kN。在无拉杆情况下，板桩墙主拉应力在工况 5 时达最大，且在施工过程中板桩墙主拉应力最大值一直呈明显上升状态，土体填筑和开挖完毕（工况 5），板桩墙主拉应力最大值达 3.15MPa。

从图 4-17 和图 4-18 的计算结果可以看出，设置拉杆数越多，板桩墙的变形越小，墙体的主拉应力有增大趋势，且在原基础上继续增大拉杆数量，对于板桩墙的侧向位移和主拉应力等的影响比减少拉杆数对板桩墙的侧向位移和主拉应力等的影响小，拉杆间距为 0.75m 时板桩墙水平位移最大值为 2.64cm，位移最大值减小了 4.35%，主拉应力最大值为 3.37MPa，主拉应力最大值增大了 6.0%；拉杆间距为 1.5m 时水平位移最大值为 2.76cm，主拉应力最大值为 3.18MPa；拉杆间距为 3.0m 时板桩墙水平位移最大值为 3.42cm，位移最大值增大了 23.9%，主拉应力最大值为 2.88MPa，最大值减小了 9.4%。因此，拉杆数量应该合理布置，否则会导致拉杆内力变形过大、墙体产生裂缝等。

4.2.5　井字梁底板对板桩墙变形及应力的影响

图 4-20 比较了不同井字梁底板截面厚度（h）下板桩墙水平位移沿高程变化

曲线。图 4-21 比较了不同井字梁底板截面厚度下施工期板桩墙主拉应力变化曲线。图 4-22 比较了不同井字梁底板截面厚度下施工期拉杆内力的变化曲线。

从图 4-20 和图 4-21 可以看出，井字梁底板的浇筑有利于减小板桩墙向闸室侧的变形，但井字梁底板截面厚度的变化对板桩墙的位移及拉杆内力的影响很小；井字梁底板的浇筑也可有效减小土体再次回填后板桩墙的主拉应力，从图 4-21 可以看出，井字梁底板浇筑厚度为 0.05B 时较为合适（B 为闸室宽度，见图 4-1，本工程 B=24m），继续增大底板截面厚度对土体再次回填后板桩墙的主拉应力的影响很小。从图 4-22 可以看出，在不浇筑井字梁的情况下（h=0.0m），拉杆的内力有明显增大趋势，拉杆内力最大值（工况 5，429.82kN）比浇筑井字梁时拉杆内力（403.46kN）提高了 6.53%。因此，设置井字梁底板能有效地控制板桩墙的变形趋势，减小板桩墙变形曲率，有效地减小了土体再次填筑后板桩墙的主拉应力，有利于板桩墙、土体的整体稳定性及拉杆的受力。

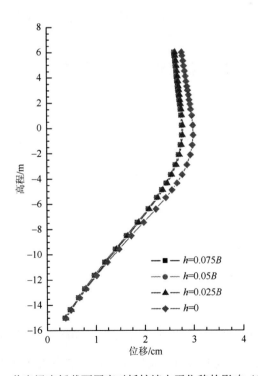

图 4-20　井字梁底板截面厚度对板桩墙水平位移的影响（工况 5）

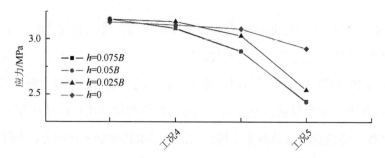

图 4-21　井字梁底板截面厚度对板桩墙主拉应力的影响

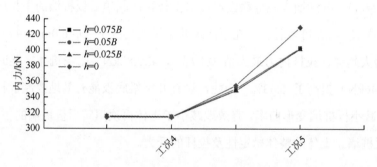

图 4-22　井字梁底板截面厚度对拉杆内力的影响

4.2.6　锚碇桩数量对板桩墙变形及应力的影响

图 4-23 给出了不同锚碇桩数量下板桩墙水平位移沿高程的变化曲线。图 4-24 给出了不同锚碇桩数量下施工期板桩墙主拉应力最大值变化曲线。图 4-25 给出了不同锚碇桩数量下施工期拉杆内力的变化曲线。

本工程实际布置的锚碇桩数量为 3 排，这里为观察锚碇桩数量对板桩墙变形及应力的影响，数值计算考虑将锚碇桩减少为 2 排。从计算结果可以看出，当减小锚碇桩数量为 2 排时，板桩墙位移及应力均有所增加，位移最大值由 2.76cm 增加到 3.10cm，拉应力最大值由 3.18MPa 增加到 3.20MPa，板桩墙位移和应力的增加幅度均很小，不会影响墙体的稳定性。从图 4-25 可以看出，锚碇桩数量的减小对拉杆内力的影响也很小，拉杆内力最大值由 403.46kN 增加到 415.26kN。因此，从工程投资的经济性考虑，可以将锚碇桩数量减小为 2 排或布置成梅花形状，不影响板桩墙体的稳定性。

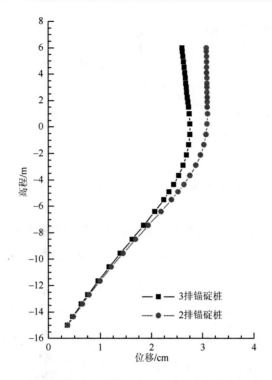

图 4-23　不同锚碇桩数量下板桩墙水平位移沿高程变化曲线（工况 5）

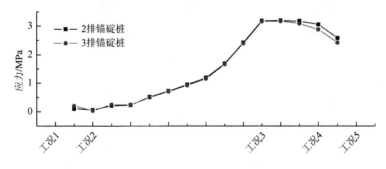

图 4-24　不同锚碇桩数量下施工期不同阶段板桩墙主拉应力最大值变化曲线

4.2.7　拉杆位置的敏感性分析

本工程实际施工时布置的拉杆高程为 2.50m，即拉杆布置高度 H'=7.0m，约占泥面到闸顶高度 H（H=6-(-4.5)=10.5m）的 2/3，为分析拉杆位置对锚碇桩变形、板桩墙应力变形以及拉杆内力的影响，数值计算时还设置了拉杆高程为 1.90m（锚

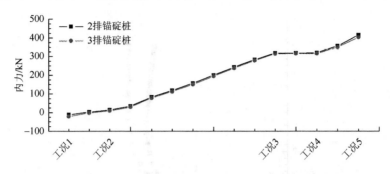

图 4-25　不同锚碇桩数量下拉杆内力变化曲线

碇平台底部高程）和 3.10m（锚碇平台顶部高程）进行拉杆位置的敏感性分析。

表 4-7 列出了不同拉杆位置下锚碇桩位移、板桩墙位移和应力以及拉杆内力的最大值。图 4-26 给出了拉杆高程分别为 1.90m、2.50m 和 3.10m 时板桩墙弯矩图。图 4-27 给出了拉杆高程分别为 1.90m、2.50m 和 3.10m 时板桩墙水平位移沿高程的变化曲线。图 4-28 给出了拉杆高程分别为 1.90m、2.50m 和 3.10m 时锚碇桩水平位移沿高程的变化曲线。图 4-29 给出了拉杆高程分别为 1.90m、2.50m 和 3.10m 时施工期不同阶段的板桩墙拉应力变化曲线。图 4-30 给出了拉杆高程分别为 1.90m、2.50m 和 3.10m 时施工期不同阶段的拉杆内力变化曲线。

从计算结果可以看出，拉杆高程布置较低时，板桩墙闸室侧受拉区弯矩较小，但板桩墙的水平位移、锚碇桩的水平位移以及拉杆内力增大。虽然拉杆布置高程越高，锚碇桩、板桩墙的水平位移以及拉杆的内力有所减小，但拉杆布置高程的增加明显增大了板桩墙的最大弯矩，可能导致板桩墙局部的拉裂破坏。从图 4-31 可以看出，拉杆高程为 1.90m 时，板桩墙拉应力大于 3.0MPa 的范围明显减小。因此，对于本工程，从板桩墙的受力情况来看，拉杆布置的位置可以适当降低到高程为 1.9m 处，即拉杆布置高度约为 $3/5H$，当然，对于实际工程还应该根据现场施工条件综合考虑拉杆的布置高程。

表 4-7　不同拉杆位置下锚碇桩水平位移、板桩墙水平位移和拉应力以及拉杆内力的最大值

拉杆高程/m	锚碇桩水平位移最大值/cm	板桩墙水平位移最大值/cm	板桩墙拉应力最大值/MPa	拉杆内力最大值/kN
1.90	1.96	2.87	2.90	434.18
2.50	1.88	2.76	3.18	403.46
3.10	1.85	2.84	3.38	379.67

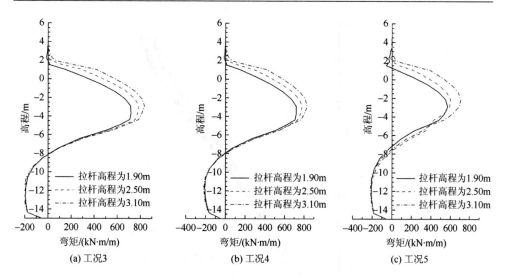

图 4-26　拉杆位置对板桩墙弯矩的影响

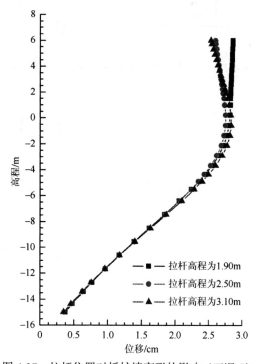

图 4-27　拉杆位置对板桩墙变形的影响（工况 5）

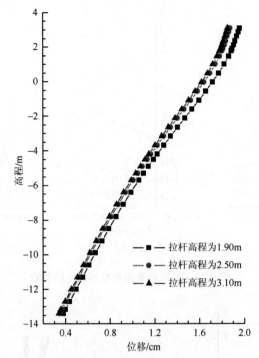

图 4-28　拉杆位置对锚碇桩变形的影响（工况 5）

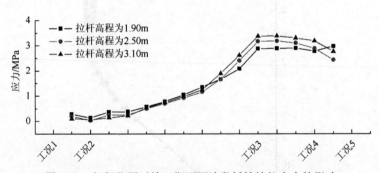

图 4-29　拉杆位置对施工期不同阶段板桩墙拉应力的影响

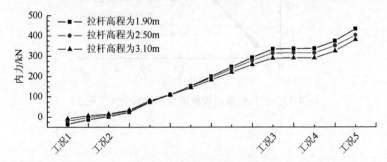

图 4-30　拉杆位置对施工期不同阶段拉杆内力的影响

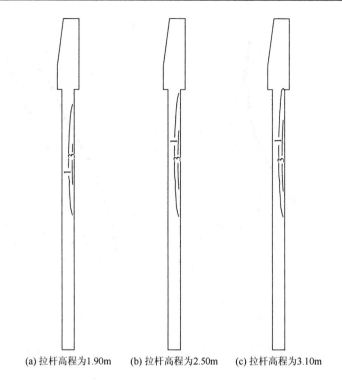

(a) 拉杆高程为1.90m　(b) 拉杆高程为2.50m　(c) 拉杆高程为3.10m

图 4-31　拉杆不同高程时板桩墙最大主拉应力分布（单位：MPa）

4.3　二维模拟结果与现场实测的比较

为实时观测施工过程中锚碇桩、板桩墙的变位以及拉杆内力在施工不同阶段的变化情况，在锚碇桩、板桩墙上预先埋设了测斜管（具体见第 7 章），提供了大量实测的数据，同时为验证数值计算结果的可靠性提供了很好的依据。

图 4-32 给出了 2014 年 3 月 1 日现场实测值与有限元计算结果（工况 3）的对比。图 4-33 给出了 2014 年 3 月 15 日现场实测值与有限元计算结果（工况 5）的对比。从图 4-32 和图 4-33 中可以看出，计算得出的板桩墙、锚碇桩结构的变位形式与现场实测结果基本一致，最大水平位移值也较为接近，实测的板桩墙最大水平位移为 2.97cm（计算值为 2.76cm），实测的锚碇桩最大水平位移为 1.74cm（计算值为 1.88cm），验证了有限元计算结果的合理性。

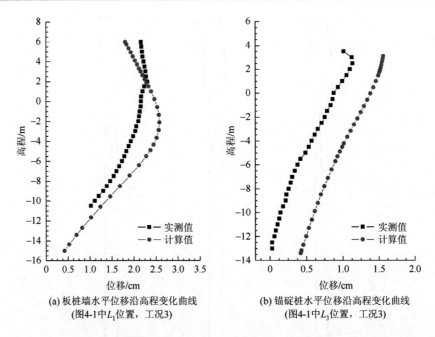

(a) 板桩墙水平位移沿高程变化曲线
(图4-1中L_1位置，工况3)

(b) 锚碇桩水平位移沿高程变化曲线
(图4-1中L_3位置，工况3)

图 4-32　2014 年 3 月 1 日现场实测结果与计算结果的对比

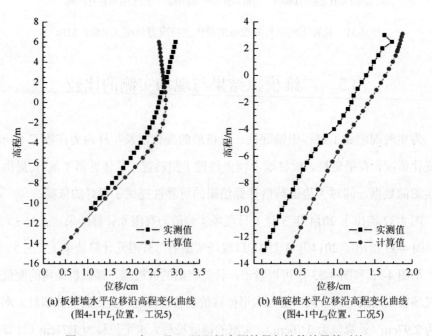

(a) 板桩墙水平位移沿高程变化曲线
(图4-1中L_1位置，工况5)

(b) 锚碇桩水平位移沿高程变化曲线
(图4-1中L_3位置，工况5)

图 4-33　2014 年 3 月 15 日现场实测结果与计算结果的对比

4.4　墙后土体回填与闸室土体开挖顺序的优化分析

为观察墙后土体回填与闸室土体开挖顺序对板桩墙受力变形的影响，根据施工可能出现的情况，研究了 6 种施工开挖顺序、填土方式，见图 4-34 和图 4-35。

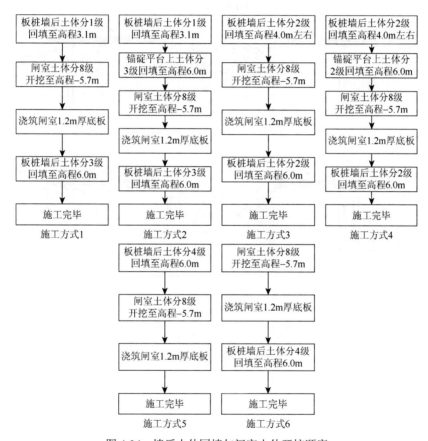

图 4-34　墙后土体回填与闸室土体开挖顺序

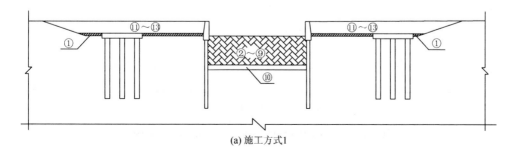

(a) 施工方式1

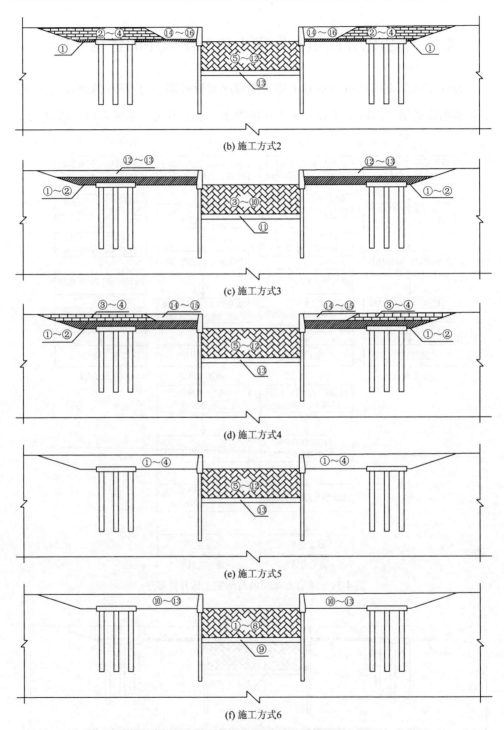

(b) 施工方式2

(c) 施工方式3

(d) 施工方式4

(e) 施工方式5

(f) 施工方式6

图 4-35　墙后土体回填与闸室土体开挖顺序示意图

　　表 4-8 给出了不同施工方式下板桩墙、锚碇桩水平位移、板桩墙拉应力和拉杆内力的对比。计算结果表明，6 种施工方式下板桩墙受力变形及拉杆内力等的变化规律一致，但是，施工方式 6 的板桩墙位移、锚碇桩位移、板桩墙拉应力和拉杆内力计算结果最小。施工方式 2 先在锚碇平台上填筑一部分土体，在拉杆距离达到一定长度后，土压力向下传递的荷载效应大于土压力向闸室侧传递的荷载效应时，可以控制锚碇桩和板桩墙向闸室侧的变形，这种施工方式是十分有利的。本工程数值计算结果表明，由于锚碇平台上土体的填筑，土压力向闸室侧传递的荷载效应大于土压力向下传递的荷载效应，不能有效控制锚碇桩和板桩墙向闸室侧的变形。图 4-36 给出了锚碇平台上不同填土高度时板桩墙-土体接触面压力变化情况，从图中可以看出，接触面压力随着填土高度的增加而有一定幅度的增大。

表 4-8　不同施工方式时锚碇桩位移、板桩墙拉应力（位移）、拉杆内力最大值

施工方式	锚碇桩位移/cm	板桩墙位移/cm	板桩墙拉应力/MPa	拉杆内力/kN
施工方式 1	1.83	2.51	2.98	354.33
施工方式 2	2.09	2.90	3.30	382.43
施工方式 3	1.88	2.76	3.18	403.46
施工方式 4	2.26	3.13	3.38	419.87
施工方式 5	2.46	3.39	3.38	449.50
施工方式 6	1.72	2.47	2.64	317.50

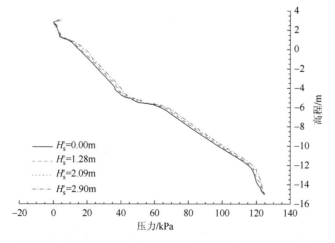

图 4-36　锚碇平台上不同填土高度（H'_s）时板桩墙-土体接触面压力变化情况

因此，对于本工程，在施工过程中，为了控制板桩墙的水平位移及拉杆的受力，可采用先开挖再回填的施工方式，但为了防止施工过程对拉杆、锚碇桩的干扰，在闸室土体开挖之前，板桩墙后可以预填一部分土体，与总的填土高度（H_s）相比，预填部分填土高度建议为$(1/6\sim1/2)H_s$。

4.5 本 章 小 结

本章主要对泰州引江河第二期工程二线船闸闸室板桩墙结构进行了全面系统的二维有限元分析模拟，通过二维整体有限元分析计算得出如下结论。

（1）施工期板桩墙最大位移值达 2.76cm，发生在高程–2.50～1.00m；施工期板桩墙主拉应力最大值发生在–4.00～–2.00m 高程范围内，板桩墙主拉应力最大值达 3.18MPa，板桩墙主拉应力的突然增大主要是由于闸室土体的开挖扰动；施工期拉杆内力的最大值为 403.46kN，闸室土体的开挖过程是拉杆内力的一个迅速增长期，拉杆内力从开挖前的 9.82kN 增加到开挖后的 315.05kN。

（2）考虑板桩墙结构-地基土-拉杆-锚碇相互作用的板桩墙结构整体模型更符合拉锚板桩墙结构的受力和变形特点，计算结果更接近结构的真实状态。基于 m 值法的分离式计算模型无法反映拉杆受力拉伸和变形对板桩墙结构弯矩、位移的影响，此时拉杆内力只需根据平衡条件得出；考虑板桩墙结构-拉杆-锚碇相互作用的整体式计算模型通过杆件有限元法求解，此时土压力通过外荷载施加，没有考虑地基土与板桩墙之间的相互作用。本章建议的整体式计算模型全面考虑了板桩墙结构-地基土-拉杆-锚碇的相互作用（类似超静定结构内力计算，求解需补充变形条件）。与基于 m 值法的分离式计算模型得到的弯矩（829.05kN·m/m）相比，本章建议的整体式计算模型计算得到的弯矩（786.24kN·m/m）减少了 5.16%，考虑板桩墙结构-拉杆-锚碇相互作用的整体式计算模型计算得到的弯矩（698.00kN·m/m）减少了 15.81%。本章建议的整体式计算模型计算得到的板桩墙位移变形规律及量值更接近实测值。

（3）在拉杆截面不变的条件下，拉杆数量越多，板桩墙水平位移越小，但板桩墙最大应力增加，综合考虑墙体变形和应力，本工程的拉杆间距最优为 1.75～2.00m；拉杆布置高程越低，板桩墙闸室侧受拉区弯矩越小，但板桩墙的水平位移、锚碇桩的水平位移以及拉杆内力增大，综合考虑墙体变形和应力，本工程拉杆布置高度 H' 可取为 $3/5H$（H 为泥面高度，本工程实际施工时布置的拉杆高程为 $2/3H$），对于实际工程还应该根据现场施工条件综合考虑拉杆的布置高程。

（4）先开挖闸室土体再回填板桩墙后土体的施工方式对板桩墙的受力变形以及拉杆受力较为有利。不同施工方式下（闸室土体开挖与板桩墙后土体回填的顺序不同）板桩墙受力变形及拉杆内力等的变化规律一致，但先开挖再回填的施工方式得到的板桩墙位移、锚碇桩位移、板桩墙拉应力和拉杆内力计算结果最小，从墙体受力变形的角度分析，可采用先开挖再回填的施工方式，但为了防止施工过程对拉杆、锚碇桩的干扰，在闸室土体开挖之前，板桩墙后可以预填一部分土体，与总的填土高度（H_s）相比，本工程预填部分填土高度建议为 $(1/6～1/2)H_s$。

（5）井字梁底板的浇筑有利于减小板桩墙向闸室侧的变形，但井字梁底板截面厚度的变化对板桩墙的位移及拉杆内力的影响很小。井字梁底板的浇筑也可有效减小土体再次回填后板桩墙的主拉应力，井字梁底板浇筑厚度为 $0.05B$（B 为闸室宽度）时较为合适，继续增大底板截面厚度对土体再次回填后板桩墙的主拉应力的影响很小。

（6）本工程锚碇桩可布置成梅花形。本工程实际布置的锚碇桩数量为 3 排，锚碇桩数量减少为 2 排时（去掉远离闸室侧布置的一排锚碇桩），板桩墙位移和应力以及拉杆内力的增加幅度均很小，不影响板桩墙体的稳定性。因此，从工程投资的经济性和稳定性考虑，建议可以将锚碇桩布置成梅花形。

参 考 文 献

[1]　周春松. 地下连续墙技术在天津港应用的研究[D]. 天津：天津大学，2004.

[2]　江守燕，谢庆明，杜成斌. 基于 ABAQUS 平台邓肯-张 E-B 和 E-v 模型开发[J]. 河海大学学报（自然科学版），2011，39（1）：61-65.

[3]　江守燕，谢庆明，杜成斌，等. 混凝土心墙堆石坝加固施工模拟[J]. 水利水电科技进展，2011，31（2）：57-62.

[4]   SL 191—2008. 水工混凝土结构设计规范[S]. 北京：中国水利水电出版社，2008.

[5]   郭海柱，张庆贺. 土与结构接触面模型的对比研究[J]. 地下空间与工程学报，2009，5（6）：1145-1150.

[6]   曹金凤，石亦平. ABAQUS 有限元分析常见问题解答[M]. 北京：机械工业出版社，2009：214-217.

[7]   朱庆华，钱祖宾，张福贵. 单锚板桩墙结构整体受力分析方法[J]. 人民黄河，2013，35（8）：96-98.

第 5 章　板桩墙结构三维整体模型分析

板桩墙和土体的相互作用是高度非线性问题，开发合理的接触面单元是实现土、结构相互作用模拟的一种有效方式。目前已经提出了如下几种形式的接触单元：基于接触力学的接触面单元、剪切界面单元和薄层实体单元[1, 2]。Goodman等于 1968 年利用刚度系数与节点相对位移的线性关系表征岩石节理和断层的非连续变形机理，由此提出的零厚度接触面单元（Goodman 单元）是一种典型的薄层单元[3]。Goodman 单元概念清楚、方便易行，能较好地模拟接触面的错动、滑移和开裂，因此在工程上得到了广泛的应用[4, 5]。

本章以泰州引江河第二期工程二线船闸闸室结构为分析对象，基于 ABAQUS 有限元软件建立板桩墙结构整体分析的三维有限元模型，在板桩墙和土体之间设置 Goodman 单元，预测锚碇桩、板桩墙的应力变形性态以及拉杆在施工期不同阶段的内力状态，以期为板桩墙结构的设计建造提供理论依据。

5.1　三维计算模型

5.1.1　典型闸室的三维有限元网格

图 5-1 为三维有限元模型网格。锚碇桩、板桩墙、土体的单元类型均为空间八节点等参元，拉杆的单元类型为两节点杆单元，拉杆与土体之间无黏结（自由）。锚碇桩为圆形截面，直径为 1.2m，钢拉杆直径为 70mm，拉杆间距为 1.5m。

参照现场施工情况，沿水流方向选取长为 19.48m 的一段船闸闸室建立模型。除拉杆为两节点杆单元外，其他均为八节点六面体单元。选取的坐标系 x 方向垂直闸室（横河向，正向指向一期船闸侧），y 方向顺河流向（指向下游为正），z 方向正向竖直向上。整个模型共有 274026 个节点，262751 个单元（包括 14904 个 Goodman 单元）。其中，板桩墙共有 15720 个节点，12390 个单元，锚碇桩包括 19085 个节点，14112 个单元，共有拉杆 10 根（每侧 5 根），均为两节点杆单元。地基深度约为 1 倍板桩墙高，沿左右分别延伸约 2 倍的锚碇桩至闸室中心线的距离。在研究拉杆布置高程对闸室变形与内力影响时，对模型局部网格作了适当的改动以适应拉杆布置位置的变化。

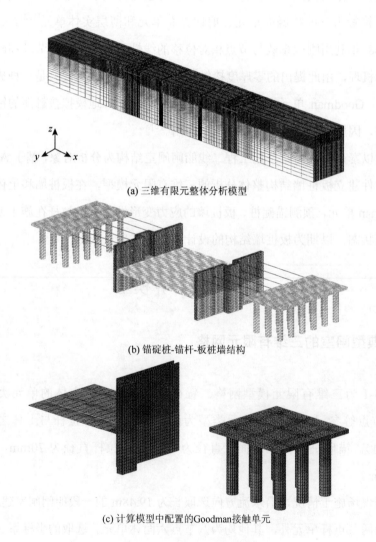

(a) 三维有限元整体分析模型

(b) 锚碇桩-锚杆-板桩墙结构

(c) 计算模型中配置的Goodman接触单元

图 5-1　三维有限元计算网格

5.1.2　材料本构模型及计算参数

三维计算模型采用的材料参数及土体分层情况同二维计算模型，见表 4-1～表 4-3。板桩墙与土体之间的接触面采用 Goodman 无厚度单元模拟[5]，基于 ABAQUS 商业软件的 UEL 子程序接口编制了 Goodman 单元的子程序，实现了板桩墙和土体间相互作用的模拟[6]。

接触面切向应力-应变关系采用 Clough 和 Duncan 提出的应变硬化的双曲线模型[7]，即

$$k_{s1} = \left(1 - R_f \frac{\tau_1}{\sigma_n \tan \delta}\right)^2 K_1 \gamma_w \left(\frac{\sigma_n}{p_a}\right)^n \qquad (5-1)$$

$$k_{s2} = \left(1 - R_f \frac{\tau_2}{\sigma_n \tan \delta}\right)^2 K_2 \gamma_w \left(\frac{\sigma_n}{p_a}\right)^n \qquad (5-2)$$

式中，K_1、K_2、R_f、n 为非线性指标，由试验确定；δ 为接触面的界面摩擦角；γ_w 为水的容重；p_a 为大气压力。各参数取值见表 5-1[8-10]。

表 5-1　Goodman 单元参数

K_1	K_2	n	R_f	δ /(°)	γ_w /(kN/m³)	p_a /kPa
1700	1700	0.56	0.74	25	10	100

5.1.3　计算工况

结合现场的施工情况，将闸室土体的填筑及开挖过程共分 5 个工况 17 级模拟，见表 5-2 和图 5-2。拉杆预应力根据设计值和现场施工情况设置为 75kN。

表 5-2　计算工况

施工期	加载次序	填筑及开挖进度
工况 1	第 1～2 级	初始地应力平衡，并安装预应力拉杆
工况 2	第 3～5 级	板桩墙墙后土体回填，回填至高程 4.0m 左右

续表

施工期	加载次序	填筑及开挖进度
工况 3	第 6～14 级	闸室土体开挖至−5.7m 高程
工况 4	第 15 级	闸室内 1.2m 厚井字梁浇筑完毕
工况 5	第 16～17 级	继续回填板桩墙墙后土体至高程 6.0m

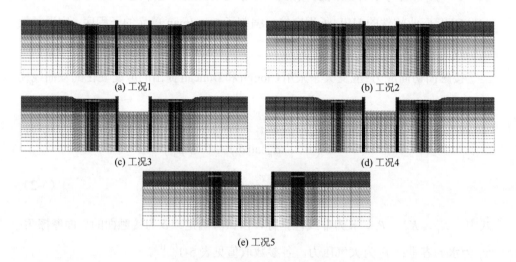

(a) 工况1 (b) 工况2

(c) 工况3 (d) 工况4

(e) 工况5

图 5-2　板桩墙结构计算分析工况

5.2　典型闸室的施工过程模拟

5.2.1　锚碇桩、板桩墙变形情况

表 5-3 列出了不同工况下锚碇桩、板桩墙水平位移最大值。图 5-3 给出了不同工况下锚碇水平位移沿高程变化曲线。图 5-4 给出了不同工况下板桩墙水平位移沿高程变化曲线。图 5-5 给出了不同工况下锚碇桩−拉杆−板桩墙结构变形。

表 5-3　不同工况下锚碇桩、板桩墙水平位移最大值

计算工况	工况 1	工况 2	工况 3	工况 4	工况 5
锚碇桩位移/cm	0.0002	0.030	1.412	1.456	1.804
板桩墙位移/cm	0.000	0.007	2.289	2.294	2.538

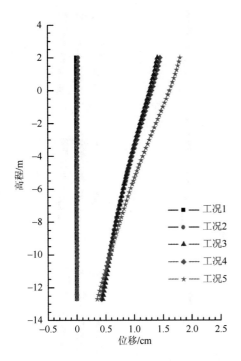

图 5-3　锚碇桩水平位移沿高程变化曲线
（图 4-1 中 L_3 位置，对应 9#测斜管）

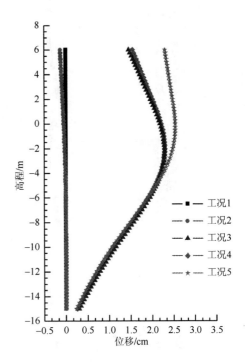

图 5-4　板桩墙水平位移沿高程变化曲线
（图 4-1 中 L_1 位置，对应 10#测斜管）

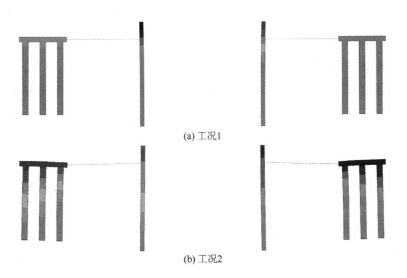

(a) 工况1

(b) 工况2

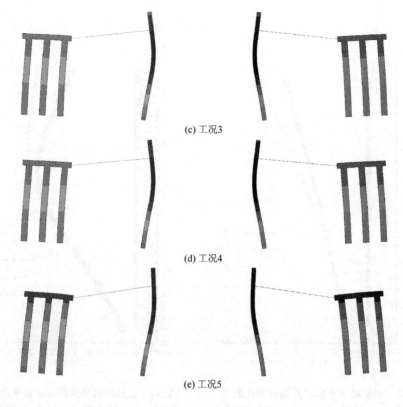

(c) 工况3

(d) 工况4

(e) 工况5

图 5-5 锚碇桩-拉杆-板桩墙结构变形

可以看出，在土体填筑和开挖过程中，锚碇桩和锚碇平台整体向闸室侧变位，其中锚碇平台顶部的位移最大，施工完毕（工况 5）后，最大位移值达 1.804cm。闸室土体的开挖过程对锚碇桩的变位影响较大，锚碇平台的位移从 0.030cm（工况 2）增加到 1.412cm（工况 3），锚碇桩桩基的位移增加到约 0.447cm（工况 3）；闸室底板井字梁浇筑完成后，锚碇桩桩基的位移减少到 0.427cm（工况 4）。墙后填土完成后，桩基的位移减小到了 0.354cm，这是由于锚碇平台上的填土将桩身下压，从而使桩的下半段发生背离闸室向的位移。

在土体填筑和开挖过程中，板桩墙亦整体向闸室侧变位，墙体位移最大值都发生在板桩墙顶部高程。施工完毕（工况 5）后，板桩墙位移最大值达 2.538cm。闸室土体的开挖过程对板桩墙的变位影响较大，板桩墙的最大位移从 0.007cm（工况 2）增加到 2.289cm（工况 3），墙体根部的位移增加到约 0.301cm（工况 3）；闸室井字梁浇筑完成后，墙体根部的位移减少到 0.257cm（工况 4）。板桩墙最大位移与板桩墙挡土高度（11.7m）的比值为 0.217%，板桩墙处于稳定状态。

5.2.2　拉杆内力变化情况

图 5-6 给出了施工期不同阶段拉杆内力变化曲线。

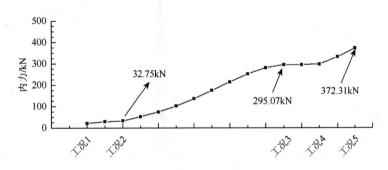

图 5-6　1#拉杆内力变化曲线

从计算结果可以看出，在闸室土体的开挖过程中拉杆内力迅速增长，闸室土体开挖完毕后（工况 3）拉杆内力增加到 295.07kN；墙后土体回填至 6m 高程期间，拉杆内力的增长趋于平缓；施工完毕（工况 5）后，拉杆内力达到最大值 372.31kN。

5.2.3　板桩墙应力变化情况

图 5-7 给出了不同工况下板桩墙弯矩沿高程变化曲线。图 5-8 给出了不同工况下板桩墙主拉应力沿高程变化曲线。图 5-9 给出了施工期不同阶段板桩墙主拉应力最大值变化曲线。图 5-10 给出了施工期闸室左侧板桩墙主拉应力分布图。

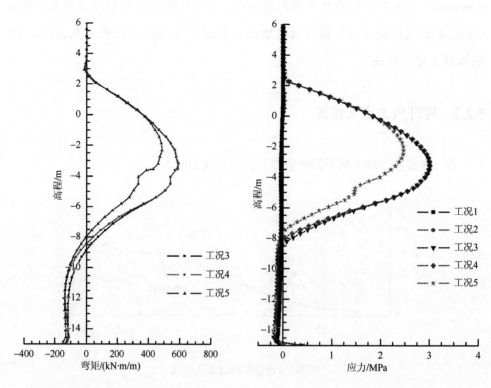

图 5-7　板桩墙弯矩沿高程变化曲线　　　　图 5-8　板桩墙主拉应力沿高程变化曲线

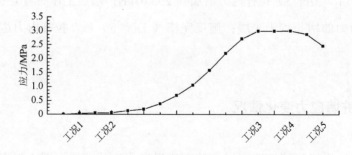

图 5-9　施工期不同阶段板桩墙主拉应力最大值变化曲线

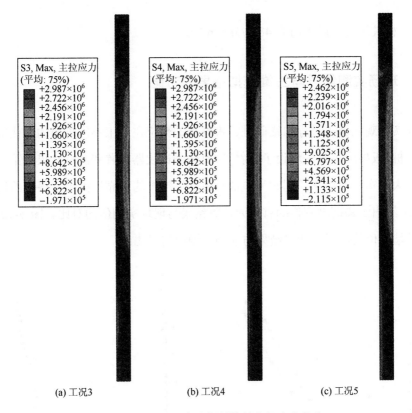

(a) 工况3　　　　　　　　(b) 工况4　　　　　　　　(c) 工况5

图 5-10　施工期闸室左侧板桩墙主拉应力分布

从图 5-9 中可以看出，随着闸室土体的开挖，板桩墙主拉应力最大值迅速增长，不同工况下板桩墙主拉应力最大值发生在墙体内侧−6.00～−2.00m 高程范围内，板桩墙主拉应力在闸室土体开挖完成后（工况 3）达到最大值 2.99MPa，井字梁底板浇筑完成后（工况 4），板桩墙主拉应力最大值增加到 3.00MPa，墙后土体回填完毕后，闸室内侧的板桩墙主拉应力最大值减小到 2.46MPa。

板桩墙主拉应力的突然增大主要是由于闸室土体的开挖扰动，墙后土体继续回填后（工况 5），主动土压力作用于墙体，墙体顶部向闸室内侧变形增大。由于井字梁底板的支撑作用，板桩墙底部变形减小，墙体中间段的剪应力相应地减小，板桩墙截面的弯矩也相应减小，因此板桩墙的主拉应力相对于土体开挖完成井字梁浇筑后（工况 4）有所减小。

工况 3 时，板桩墙弯矩达最大，最大值为 590.95kN·m/m。施工期结束（工况

5）时，板桩墙弯矩最大值为 487.75kN·m/m。

5.2.4　现场实测结果与三维模拟结果的对比

　　为实时观测施工过程中锚碇桩、板桩墙的变位在施工不同阶段的变化情况，在锚碇桩、板桩墙上预先埋设了测斜管（具体测试仪器布置和测试结果见第 7 章），提供了大量实测的数据，同时为验证数值计算结果的可靠性提供了很好的依据。图 5-11 给出了锚碇桩变位的有限元计算结果与现场实测值的对比。图 5-12 给出了板桩墙变位的有限元计算结果与现场实测值的对比。

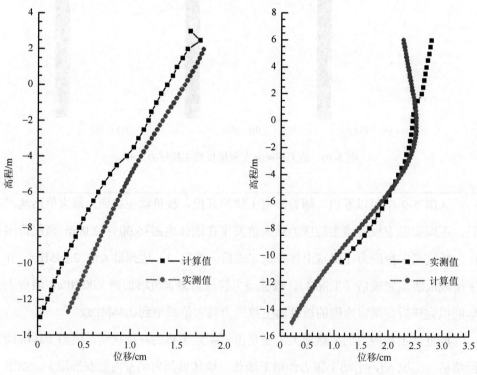

图 5-11　锚碇桩水平位移沿高程变化曲线　　　图 5-12　板桩墙水平位移沿高程变化曲线
（工况 5）　　　　　　　　　　　　　　　　（工况 5）

　　可以看出，计算得出的锚碇桩、板桩墙结构的变位形式与现场实测结果基本一致，板桩墙最大水平位移为 2.538cm（实测值 2.97cm），锚碇桩最大水平位移为

1.804cm（实测值 1.88cm），计算值比实测值偏小，总体误差在 14%左右。计算的板桩墙和锚碇桩变形趋势和实测值的变形规律较为一致。

5.3　拉杆位置的敏感性分析

本工程实际施工时布置的拉杆高程为 2.50m，即拉杆布置高度 H'=7.0m，约占泥面到闸顶高度 H（H=6-(-4.5)=10.5m）的 2/3。Bilgin[11]认为拉杆布置高程为泥面到闸顶高度的 3/4 时板桩墙墙体变形最小。为分析拉杆位置对锚碇桩变形、板桩墙应力变形以及锚杆内力的影响，数值计算时还设置了拉杆高程为 3.25m、3.00m、2.75m、2.50m、2.25m、2.00m 和 1.75m 进行拉杆安装位置的敏感性分析。

表 5-4 为不同拉杆布置高程下锚碇桩、板桩墙位移、拉杆内力最大值（工况 5）。图 5-13 为不同拉杆布置高程下板桩墙水平位移沿高程变化曲线（工况 5）。图 5-14 为不同拉杆布置高程下锚碇桩水平位移沿高程变化曲线（工况 5）。图 5-15 为不同拉杆布置高程下板桩墙弯矩变化曲线。图 5-16 为不同拉杆布置高程下板桩墙主拉应力变化曲线。图 5-17 为不同拉杆布置高程下拉杆内力变化曲线。

表 5-4　不同拉杆布置高程下锚碇桩、板桩墙位移、拉杆内力最大值（工况 5）

拉杆高程	锚碇桩水平位移最大值/cm	板桩墙水平位移最大值/cm	板桩墙拉应力最大值/MPa	拉杆内力最大值/kN
3.25m	1.759	2.61	2.204	340.43
3.00m	1.779	2.56	2.39	349.72
2.75m	1.787	2.54	2.413	357.71
2.50m	1.804	2.538	2.46	372.31
2.25m	1.805	2.575	2.526	381.85
2.20m	1.814	2.638	2.751	389.76
1.75m	1.838	2.66	3.197	405.14

从计算结果可以看出，拉杆高程布置较高时，板桩墙的水平位移、锚碇桩的水平位移以及拉杆内力有所减小，但板桩墙的最大弯矩和主拉应力明显增加，可

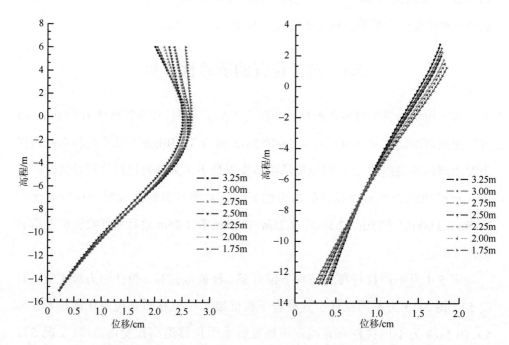

图 5-13　不同拉杆布置高程下板桩墙水平位　　图 5-14　不同拉杆布置高程下锚碇桩水平位移
移沿高程变化曲线（工况 5）　　　　　　　　沿高程变化曲线（工况 5）

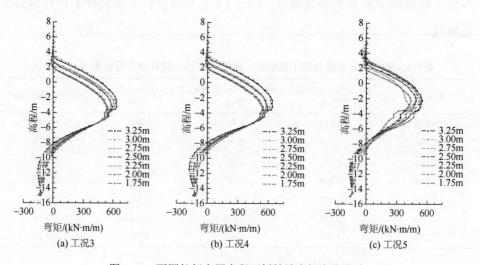

(a) 工况3　　　　　　(b) 工况4　　　　　　(c) 工况5

图 5-15　不同拉杆布置高程下板桩墙弯矩变化曲线

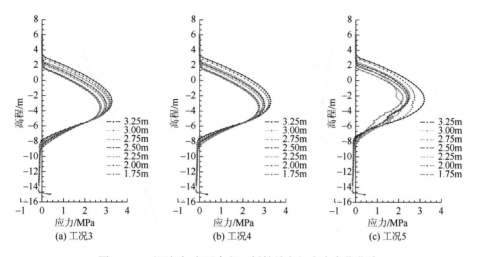

图 5-16　不同拉杆布置高程下板桩墙主拉应力变化曲线

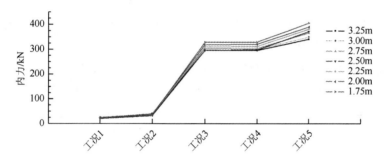

图 5-17　不同拉杆布置高程下拉杆内力变化曲线

能导致板桩墙的拉裂破坏,这对于板桩墙的受力情况是极为不利的。从 5.2 节中板桩墙和锚碇桩的变形规律可以看出,墙前土体的开挖相对于墙后土体的回填对板桩墙的位移影响更大,拉杆布置的高程较低,则墙后土体事先必须开挖至更低的高程,那么在后续墙前土体的开挖过程中,板桩墙和锚碇桩的位移必然更小。因此,对于本工程,从板桩墙的受力情况来看,拉杆布置的位置可以适当降低。

5.4　井字梁底板对板桩墙变形及应力的影响

图 5-18 比较了设置井字梁底板对板桩墙水平位移的影响。图 5-19 比较了设置井字梁底板对锚碇桩水平位移的影响。图 5-20 比较了设置井字梁底板对板桩墙主拉应力的影响。图 5-21 比较了设置井字梁底板对板桩墙弯矩的影响。

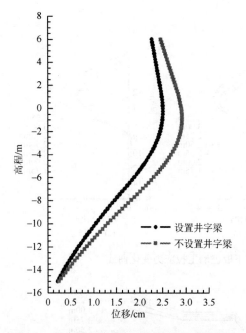

图 5-18　设置井字梁底板对板桩墙位移的影响
（工况 5）

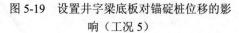

图 5-19　设置井字梁底板对锚碇桩位移的影
响（工况 5）

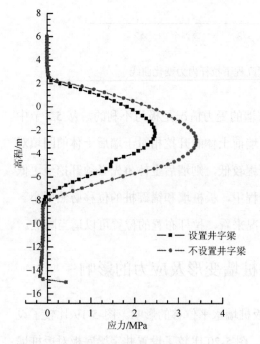

图 5-20　设置井字梁底板对板桩墙主拉应力的
影响（工况 5）

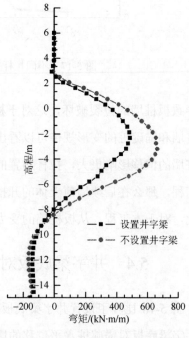

图 5-21　设置井字梁底板对板桩墙弯矩的影
响（工况 5）

可以看出，井字梁底板的浇筑可有效减小板桩墙和锚碇桩向闸室侧的变形；井字梁底板的浇筑也可有效减小墙后土体回填后板桩墙的主拉应力和弯矩。在不浇筑井字梁的情况下，拉杆的内力从 372.31kN 增大到了 441.03kN，拉杆内力最大值比浇筑井字梁时拉杆内力提高了 18.5%。因此，设置井字梁底板能有效地控制板桩墙的变形趋势，减小板桩墙变形，还有效地减小了土体再次填筑后板桩墙的主拉应力，有利于板桩墙、土体的整体稳定性及拉杆的受力。

5.5　墙后土体回填与闸室土体开挖顺序的优化分析

为讨论墙后土体回填与闸室土体开挖顺序对板桩墙受力变形的影响，根据施工可能出现的情况，研究了 3 种施工开挖顺序、填土方式，见图 5-22。

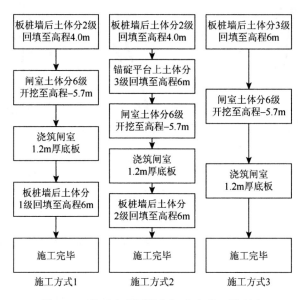

图 5-22　墙后土体回填与闸室土体开挖顺序

图 5-23 为不同施工方式时板桩墙水平位移沿高程变化曲线。图 5-24 为不同施工方式时锚碇桩水平位移沿高程变化曲线。图 5-25 为不同施工方式时板桩墙主拉应力沿高程变化曲线。表 5-5 为不同施工方式时锚碇桩、板桩墙位移、拉杆内

力最大值。图 5-26 为不同施工方式时板桩墙-土体接触面压力变化情况。

　　计算结果表明，3 种施工方式下板桩墙、锚碇桩变形及拉杆内力的变化规律一致。其中，施工方式 3 的板桩墙位移、锚碇桩位移和拉杆内力计算结果最大；而施工方式 1 的板桩墙、锚碇桩位移和拉杆内力计算结果最小。

　　施工方式 2 在预填土体后，先行在锚碇平台上填筑一部分土体，本工程数值计算模拟结果表明土压力向闸室侧传递的荷载效应大于土压力向下传递的荷载效应，因此该施工方式无法有效控制锚碇桩和板桩墙向闸室侧的变形。

　　施工方式 3 先填筑板桩墙后土体，再进行闸室开挖。数值计算结果表明这种先回填再开挖的施工方式虽然可以避免施工过程对拉杆、锚碇桩的干扰，但是板桩墙、锚碇桩位移和拉杆内力远大于前两种施工方式，因此是不可取的。

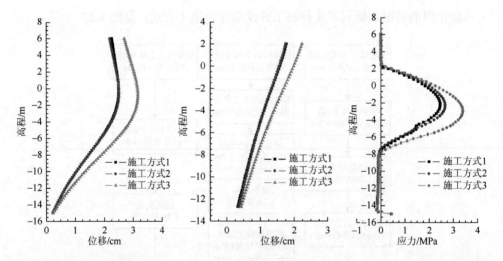

图 5-23　不同施工方式时板桩　　　图 5-24　不同施工方式时锚碇　　　图 5-25　不同施工方式时板桩
墙水平位移沿高程变化曲线　　　　桩水平位移沿高程变化曲线　　　　墙主拉应力沿高程变化曲线

表 5-5　不同施工方式时锚碇桩、板桩墙位移、拉杆内力最大值

施工方式	锚碇桩位移/cm	板桩墙位移/cm	板桩墙拉应力/MPa	拉杆内力/kN
施工方式 1	1.804	2.538	2.46	372.31
施工方式 2	1.811	2.550	2.675	379.53
施工方式 3	2.235	3.166	3.40	422.18

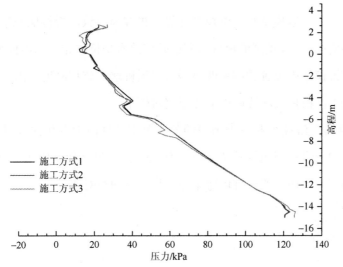

图 5-26　不同施工方式时板桩墙-土体接触面压力变化情况

5.6　三维模拟结果与二维模拟结果的比较

图 5-27 为二维模型和三维模型的板桩墙水平位移沿高程变化曲线对比（工况
5）。图 5-28 为二维模型和三维模型的锚碇桩水平位移沿高程变化曲线对比（工况 5）。

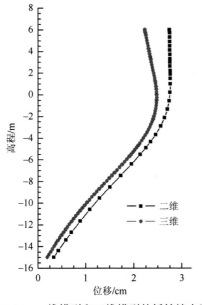

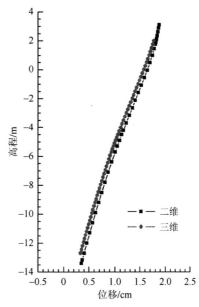

图 5-27　二维模型和三维模型的板桩墙水平
位移沿高程变化曲线对比（工况 5）

图 5-28　二维模型和三维模型的锚碇桩水平
位移沿高程变化曲线对比（工况 5）

可以看出，二维模型和三维模型计算结果较为一致，板桩墙和锚碇桩均向闸室内侧大幅变位。三维模型的板桩墙和锚碇桩的水平位移相对二维模型偏小一些，这是因为三维模型中设置的闸室凹槽增大了板桩墙的整体刚度，因此在相同开挖荷载的作用下，板桩墙和锚碇桩的变形相对较小。

图 5-29 为二维模型和三维模型的各工况下拉杆内力变化曲线对比。图 5-30 为二维模型和三维模型的板桩墙主拉应力（工况 5）沿高程变化曲线对比。图 5-31 为二维模型和三维模型的板桩墙弯矩沿高程变化曲线对比。

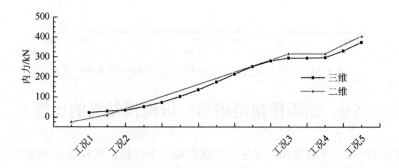

图 5-29　二维模型和三维模型的各工况下拉杆内力变化曲线对比

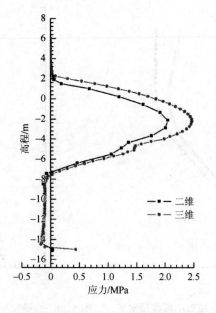

图 5-30　二维模型和三维模型的板桩墙主拉应力沿高程变化曲线对比（工况 5）

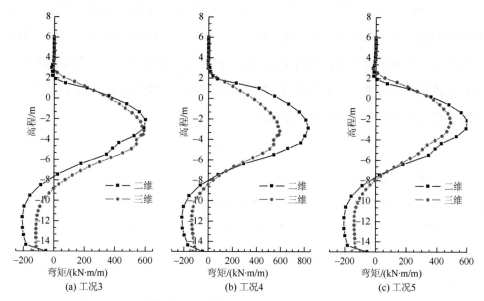

图 5-31　二维模型和三维模型的板桩墙弯矩沿高程变化曲线对比

可以看出，二维模型和三维模型的拉杆内力，各工况板桩墙主拉应力和弯矩的变化规律较为一致，最大值也较为接近；三维模型的板桩墙弯矩一定程度上小于二维模型（工况 3 和工况 4），这是因为三维模型中设置的闸室凹槽增大了板桩墙的整体刚度，所以在相同开挖荷载的作用下，板桩墙和锚碇桩的变形偏小，板桩墙弯矩值也偏小，闸室施工完毕后（工况 5），二维模型和三维模型的板桩墙弯矩数值趋于一致。

5.7　本 章 小 结

本章对泰州引江河第二期工程二线船闸闸室板桩墙结构进行了三维整体有限元模型分析计算，并与现场实测结果和二维模型计算结果进行了对比，研究表明：①所建立的整体分析模型能够准确地预测施工期不同阶段锚碇桩、板桩墙的变形以及拉杆的内力变化情况；②在土体填筑和开挖过程中，锚碇桩、板桩墙整体向闸室侧变位，闸室土体的开挖过程对锚碇桩、板桩墙变位的扰动较大；③闸室土体的开挖过程，是拉杆内力的一个迅速增长期，而土体的回填对拉杆内力的影响相对小一些；④预应力拉杆可以布置得低一些；⑤井字梁底板的浇筑有利于减小板桩墙的变形和主拉应力；⑥在施工过程中，采用先开挖再回填的施工方式可以有效控制板桩墙的变形和拉杆的受力；⑦三维有限元模拟结果和二维模型较为一致，三维模型能够考虑闸室凹槽造成的影响，这是二维模型不具备的优势，但是模型网格会大大增多，计算成本也偏高。

参 考 文 献

[1]　殷宗泽. 土工原理[M]. 北京：中国水利水电出版社，2007.

[2]　刘莹骏. 土—结构薄层接触单元的开发及其应用[D]. 大连：大连理工大学，2014.

[3]　Goodman R E, Taylor R L, Brekke T L. A model for the mechanics of jointed rock[J]. Journal of Soil Mechanics & Foundations Div，1968，94：637-660.

[4]　张营营，袁坤鹏. 基于 Goodman 单元的郑州龙子湖防渗墙安全性能分析[J]. 黄河水利职业技术学院学报，2015，（1）：6-8.

[5]　郭海柱，张庆贺. 土与结构接触面模型的对比研究[J]. 地下空间与工程学报，2009，（6）：1145-1150.

[6]　费康，张建伟. ABAQUS 在岩土工程中的应用[M]. 北京：中国水利水电出版社，2013.

[7]　杜成斌，任青文. 用于接触面模拟的三维非线性接触单元[J]. 东南大学学报（自然科学版），2001，（4）：92-96.

[8]　张代军，阮涛，丁明武，等. 接触面单元对单桩位移应力的影响分析[J]. 水运工程，2012，（7）：51-57.

[9]　魏松，蒋永兴，王焕东. 某高砾石土心墙堆石坝平面有限元应力应变分析[J]. 山东农业大学学报（自然科学版），2007，（2）：266-272.

[10]　何江达，谢红强，王启智，等. 不同介质接触面单元切向劲度系数的敏感性分析[J]. 四川大学学报（工程科学版），2009，41（2）：6-11.

[11]　Bilgin O. Numerical studies of anchored sheet pile wall behavior constructed in cut and fill conditions[J]. Computers and Geotechnics，2010，37（3）：399-407.

第6章　高挡土板桩墙的施工方案设计

近年来，随着挡土板桩墙结构的广泛应用，施工中积累的经验也日趋丰富。挡土板桩墙施工顺序的合理性以及施工细节的把握，对挡土板桩墙结构受力变形有着重要的影响[1, 2]。特别是在地质条件较差的沿海、沿江地区，板桩墙的位移一直是施工控制的重点与难点[3-5]，常常由于施工不当造成墙体位移过大甚至倒塌的事件发生。本章以泰州引江河第二期工程二线船闸为例，总结了高挡土板桩墙的若干施工经验，可供类似工程施工参考。

6.1　挡土板桩墙施工流程

泰州引江河第二期工程二线船闸闸室板桩前墙采用地连墙加胸墙结构。施工过程分八个步骤，具体流程如图 6-1 所示，各流程施工特点介绍如下。

6.1.1　施工前降水及先期土方开挖

先期土方开挖主要是提供板桩墙及锚碇结构的施工条件，一般开挖至板桩墙和锚碇结构（桩）的施工面高程。如图 6-2 所示，开挖土方前，一定要将地下水位降至板桩墙施工面 1m 以下，如果周边没有建筑物，最好尽量降低地下水位，这样有利于板桩墙成墙及提高锚碇结构（桩）的质量。

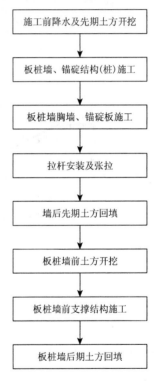

图 6-1　挡土板桩墙施工流程

6.1.2　板桩墙、锚碇结构（桩）施工

如图 6-3 所示，板桩墙施工时，一定要注意成墙质量，特别是板桩墙的垂直

度控制，以及板桩墙槽段接头之间的连接。

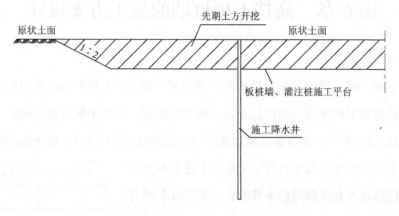

图 6-2　施工前降水及先期土方开挖

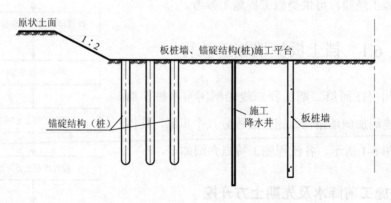

图 6-3　板桩墙、锚碇结构（桩）施工

6.1.3　板桩墙胸墙、锚碇板施工

如图 6-4 所示，板桩墙、锚碇桩施工完成后，进行板桩墙胸墙和锚碇板施工。此施工需考虑几个细节问题：首先，计算板桩墙的理论位移值，在胸墙的施工过程中，可以考虑先将该部分位移值预留，对于板桩墙最终产生的位移起到正负修正作用；其次，预埋在胸墙和锚碇板中的拉杆需要在同一轴线上，否则，拉锚效果将大大降低，甚至无效。

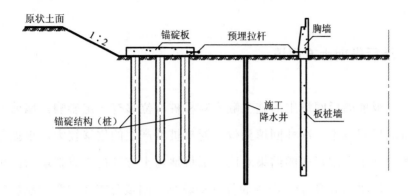

图 6-4　板桩墙胸墙、锚碇板施工

6.1.4　拉杆安装及张拉

图 6-5 为拉杆安装及张拉过程。该过程主要控制以下两个方面的因素。①控制拉杆在同一水平面上。避免由于拉杆自重产生向下的挠度，减小由此产生的板桩墙位移。为此，张拉前将拉杆用器物垫平，然后给拉杆一个初始张力，再检查拉杆下方是否有空隙，再垫平。②均匀张拉。由于一块胸墙上有多根拉杆，拉杆张拉过程中，需要均匀张拉或同时张拉，并将张拉应力分成多个阶段，所有拉杆一个阶段应力全部达到后，再进行下个阶段应力增加，最终达到设计应力值。考虑到应力损失，可以将张拉应力提高 5%左右。

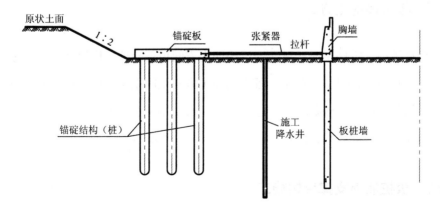

图 6-5　拉杆安装及张拉

6.1.5　墙后先期土方回填

挡土板桩墙后回填土的施工顺序对板桩墙位移有一定影响。墙前土方开挖前将墙后回填土一次性回填到位，对板桩墙产生的位移较大。根据历年来工程案例施工方法形成的结果对比，板桩墙前土方开挖前先把墙后回填一部分土方，如图 6-6 所示，产生的位移均较小，回填时需要注意对拉杆的保护以及土体压实。

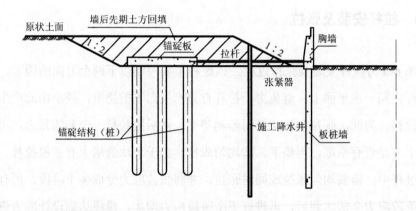

图 6-6　墙后先期土方回填

6.1.6　板桩墙前土方开挖

板桩墙前土方施工应尽量在墙后先期土方回填后暂停一段时间进行，使回填土体尽量稳定。如图 6-7 所示，板桩墙前土方开挖时采用分层开挖，并控制开挖速度，加强板桩墙位移观测。邻近胸墙 3～4m 范围应分段开挖，等待板桩墙前支撑结构完成或开挖至设计高程后，再进行邻近板桩墙前土方开挖。

6.1.7　板桩墙前支撑结构施工

如图 6-8 所示，板桩墙前土方开挖至设计高程，需要迅速进行墙前支撑结构

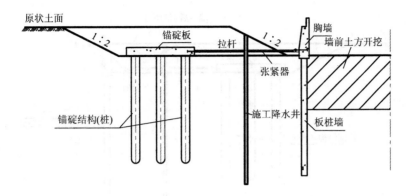

图 6-7　板桩墙前土方开挖

施工。板桩墙前土方开挖到设计高程时，为最不利状态，墙前暴露的时间越长，对墙体位移的控制会产生越不利的影响。该步骤施工时，一定要加大资源投入，尽快完成墙前支撑，墙前支撑到位后，板桩墙就处于基本稳定状态。

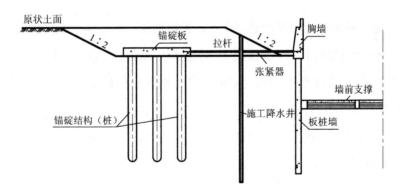

图 6-8　板桩墙前支撑结构施工

6.1.8　板桩墙后期土方回填

如图 6-9 所示，墙前支撑完成或开挖至设计高程后，可以进行墙后期土方回填。如果墙前是无水状态，可以直接回填，如果墙前是有水状态，需等墙前充水后进行回填。后期土方回填应采用人工分层夯实，不可采用大型机械靠近板桩墙碾压作业，以免施工超载对墙体位移产生影响。

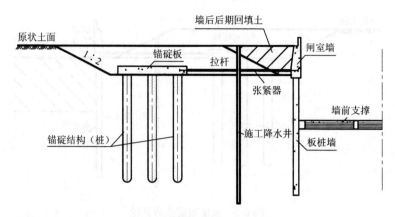

图 6-9　板桩墙后期土方回填

6.2　挡土板桩墙施工要点

6.2.1　施工前降水质量要点

降水是板桩墙施工质量的必要保证。板桩墙施工时，地下水位越低，往往对提高墙体成型质量越有利。但地下水位过低形成的降水影响半径过大而影响周边建筑物安全，故降水需控制一定的深度。根据以往施工经验，一般降至施工工作面以下 3m 左右为宜，利于板桩墙成槽，主要优点如下：①泥浆护壁效果好；②液压抓斗提升时，泥浆不会突降至地下水位线以下；③施工作业面地基比较稳定，不易因地基扰动而塌方；④降水影响半径不大，对周边建筑物影响较小。

6.2.2　拉杆安装质量要点

拉杆安装时，必须保证拉杆在同一水平面上，否则拉杆自身产生的扰度将对拉杆初始应力产生较大影响。拉杆部位宜采用人工保护层土方开挖模式（图 6-10），保证拉杆下土方不受扰动，在拉杆位置填 10cm 左右粗砂找平并夯实，将拉杆平铺安装后，利用张紧器对拉杆进行初步张拉，将拉杆下空隙再用木方垫实。一节墙一般有多根拉杆，首先将所有拉杆张拉至初始应力的 30% 左右，第二次将拉杆应力张拉至初始应力的 70% 左右，第三次考虑到张紧器之间的应力损失，张拉至初始应力的 105%左右。回填土之前，再对拉杆的应力数据进行检测（图 6-11），达不到设计值的再补张到位。此外，拉杆的防腐措施要到位，特别是张紧器和接头的保护。

软土地基位置，拉杆回填前，防止上层土体压力使拉杆产生向下扰度，对拉杆下地基进行加固或者在拉杆上加设 5cm 高度防压罩，保证土体回填完成后，拉杆保持水平。

图 6-10　拉杆安装保护

图 6-11　拉杆张拉测试

6.2.3　锚碇结构施工要点

锚碇结构分为锚碇板和锚碇墙两种，根据多年使用效果，锚碇墙对位移的控制效果优于锚碇板。锚碇墙又分为有桩基础锚碇和无桩基础锚锭，有桩基础锚碇更利于锚碇系统稳定。近期高挡土板桩墙的设计一般采用有桩基础锚碇。

锚碇墙前抗滑棱体宜采用承载力较大的密实材料换填。以往使用块石结构，其空隙不易填实，且受力后棱体易变形，效果不太理想。采用含有一定量的石渣回填压实较好，其密度可以达到 2t/m³ 以上。石灰土或水泥土回填也是一种很好的选择。回填时一定要注意分层压实夯实，特别是与锚碇墙结合处的夯实，若需进一步增加墙体与土体之间的密实度，可以采用压密注浆等方法进行墙前小范围加固。

锚碇桩顶与锚碇墙的连接施工质量需重视，严格控制锚碇桩桩顶高程，锚碇桩应深入锚碇梁板内 5cm，锚碇桩钢筋深入锚锭梁板的锚固长度必须严格满足设计和规范要求，锚固筋需清理干净。

墙前土方开挖前，锚碇墙前后土方均应回填压实完成，从而增加锚碇墙体稳定性。

6.2.4 墙前土方开挖要点

墙前土方开挖施工顺序是控制板桩墙位移的关键工序，为了使墙体应力均匀扩散，墙前土方应采用水平分层开挖，开挖速度不宜过快，开挖高度每天应控制在 1m 以内为宜。若为干式开挖，顺墙体轴线应分段开挖土方，开挖一段施工一段，垂直墙体方向形成阶梯形开挖结构，最先开挖段形成底板顶撑后再挖下一段；若为水下开挖，则等水位放至正常水位高度后再进行开挖，水压力可以抵消一部分墙体后的土压力。

开挖机械尽量不要触碰墙体产生振动，对墙体产生影响。干式开挖时，应用人工将墙体附着土体铲下，下一层土方开挖时带走；水下开挖时，应由水流作用，让墙体附着土体自行剥落，最后挖运离开。

加强墙体位移监测，发现异常，立即停止开挖，查找原因，及时处理后再进行开挖。

6.2.5 墙后土方回填要点

板桩墙后土方回填应分为两期进行。如图 6-12 所示，先期回填离墙体较远位置土方（离墙 2m 左右），应在墙前土方开挖前完成，填筑时需要分层压实，拉杆上方分几批次土方回填时，需严格对拉杆进行保护。后期回填靠近板桩墙体 2m 范围的土体（图 6-13），应在对应部位板桩墙前支撑完成并达到一定强度后进行填筑。填筑时，切忌边开挖边回填，杜绝将墙前土方直接翻挖至墙后进行回填。回填时，特别是靠近墙体位置回填时，禁止大型机械靠近墙体，宜采用人工分层夯实。土方即来即填，杜绝在墙后形成堆载，堆载过多会使墙体产生变形。

图 6-12　先期土方回填　　　　　　　　图 6-13　后期土方回填

6.3　挡土板桩墙施工不同阶段降排水措施

6.3.1　施工前排水措施

挡土板桩墙施工前的降水主要是为了确保挡土板桩墙施工质量。一般情况将地下水位降至施工面以下 1m 即可，但为了提高板桩墙和锚碇结构的质量，最好降至施工面以下 3m 左右。可以采用深井降水（图 6-14），板桩墙施工区域采用针井降水的形式局部降低地下水位（图 6-15），该方法降水速度快，影响范围小。

图 6-14　先期土方开挖深井降水　　　　　图 6-15　局部加设针井降水

6.3.2　施工过程中排水措施

施工过程中应严格控制墙前及墙后水位。采用深井降水形式控制水位不超过施工过程中的墙后墙前设计水位。做好墙后临时排水措施，在遇大暴雨情况下，需及时将墙后积水采用明排的方式排除，特别是在墙前土方开挖到位，支撑尚未形成，墙后土方又未回填到位的最不利工况下。施工过程中墙前、墙后降水分别如图 6-16 和图 6-17 所示。

图 6-16　施工过程中墙前降水　　　　　图 6-17　施工过程中墙后降水

6.3.3　施工后排水措施

施工完成、墙体稳定后，控制墙后地下水位上升速度，采用提高深井中水泵高度或逐渐减少抽水深井数量等方式，让墙后水位逐步缓慢上升至原有地下水位高度。在多雨季节，时刻监测观察井水位变化，若超过警戒水位，通过预留降水井或检修井进行抽排水，从而达到控制地下水位的目的。

6.4　挡土板桩墙位移控制

根据使用功能，挡土板桩墙分为永久性结构和临时结构。作为临时结构，板桩墙的位移大小对使用功能影响不大；但作为永久性结构，能否将位移控制在规定范围内，是挡土板桩墙成功与否的关键因素。

近年来，由于挡土板桩墙自身的优点，被广泛用做永久结构，但板桩墙位移控制水平参差不齐，例如，在沿江使用最广泛的船坞工程中，大多数坞墙位移都在 10cm 以上，个别严重的超过了 20cm，对板桩墙结构自身以及使用功能都产生了巨大的影响。本章通过多个板桩墙结构工程施工管理经验的统计分析，在收集和整理大量的基础数据的基础上，提出以下几点建议控制挡土板桩墙的水平位移问题。

6.4.1　结构形式对位移的影响和控制

1. 锚碇墙的结构形式

根据以往的施工经验看，锚碇墙（板）最好采用有桩结构形式，以往无桩结构锚碇墙使用效果均不理想，板桩墙体水平位移很大。沿江船坞使用无桩锚碇墙时，个别挡土板桩墙水平位移达到了 20cm，影响使用功能。

2. 锚碇桩桩型、桩位的选择

前几年，广泛使用预应力高强度混凝土（PHC）管桩作为锚碇桩，虽然 PHC 管桩经济实用、施工速度相对较快，但其抗水平力能力不强，位移过大会形成剪力破坏；在其沉桩的过程中，振动对土体形成了破坏，土体对桩基本没有附着力，抗水平位移的桩前被动土压力很小，会加大水平位移的产生。而选用灌注桩桩型，抗水平力能力强，其作用效果明显好于管桩。锚碇桩位宜采用梅花形布置。

3. 钢拉杆的选择及初始张力

目前普遍使用的钢拉杆的强度级别有 Q345、Q460、Q550、Q650 几种。从使用效果来看，Q345 型虽然经济，但是受力延伸率比较大，理论位移也大。Q550、Q650 两种强度的合金钢虽然延伸率小，但价格昂贵，所以建议采用 Q460 级。

拉杆初始张力根据理论计算，30kN 即能满足要求，但实际施工过程中，拉杆自身的重力使得拉杆的挠度很大，初始张力不能完全使拉杆处于基本水平状态，从而导致板桩墙前土方开挖以后，拉杆自身的挠度先产生位移。建议适当加大拉杆初始张力。

4. 板桩墙和胸墙接头部位

板桩墙拉杆布置在胸墙中，在以往的施工过程中，拉锚结构完全受力后，经常会形成胸墙跟板桩墙不在同一垂直面上，说明板桩墙与胸墙之间连接的刚度不够，建议增加板桩墙伸入胸墙内的长度，并在伸入至胸墙部位的板桩墙侧面增加植筋，并加大接头部位的配筋率，可以有效地减小胸墙和板桩墙的垂直度误差，更好地控制板桩墙的水平位移。

6.4.2 施工对位移的影响和控制

1. 墙后回填土

墙后回填土的先后顺序和施工质量对板桩墙的位移控制影响很大。板桩墙后土方回填应分为两期进行。先期回填离墙体较远位置土方（离墙 2m 左右），应在墙前土方开挖前完成，填筑时需要分层压实，拉杆上方分批次土方回填时，需严格对拉杆进行保护。后期回填靠近板桩墙体 2m 范围的土体，应在对应部位板桩墙前支撑完成并达到一定强度后进行填筑。填筑时，切忌边开挖边回填，杜绝将墙前土方直接翻挖至墙后进行回填。回填时，特别是靠近墙体位置回填时，禁止大型机械靠近墙体，宜采用人工分层夯实。杜绝在墙后形成堆载，堆载过多会使墙体产生变形。

此填土方法不但不会明显增加板桩墙后的土压力，而且可以形成对锚碇墙向外的主动土压力，相当于预先施加了一个和位移方向相反的水平力，有利于对板桩墙的水平位移进行控制。

2. 墙前开挖土方

从理论上说，拉锚结构本身应该是一个稳定的力学结构，和墙前的土方支撑并无多大的关系。板桩墙前土方施工应尽量在墙后先期土方回填后暂停一段时间进行，使回填土体尽量稳定，且为了使板桩墙所受的墙后水、土作用力有一个缓慢施加的过程，板桩墙前的土方开挖不能一次到位。土方开挖时应采用分层开挖，并控制开挖速度，加强板桩墙位移观测。邻近胸墙 3～4m 范围应分段开挖，等待板桩墙前支撑结构完成或开挖至设计高程后，再进行邻近板桩墙前土方开挖。同时，要本着"前面做一段，后面挖一段"的原则，在前段底板完成、板桩墙前顶撑受力点抬高以后再进行后一段土方的开挖，不能使开挖线拉得过长，造成受力最不利工况的持续时间太长。

3. 施工降排水

根据挡土板桩墙的施工特点，施工期需进行地下水的降排。在板桩墙和锚碇桩施工阶段，根据现场土质、地下水位等因素，可实施场地深井全范围降水，或施工区域针井局部降水。当板桩墙结构施工完成后，板桩墙前的地下水主要来自土体垂直渗透，侧向没有补给水，地下水位会降至很低，而板桩墙后的地下水位则很高，一旦形成过大的水位差，拉锚结构容易在水压力差的作用下发生向前位移。因此板桩墙前土方开挖、墙前结构施工等阶段，要进行针对性降水，控制好墙前的降水深度，满足墙前结构的施工即可，严格控制板桩墙前后地下水的高差，使前后所受的水压力差尽可能小。在板桩墙前的结构施工完成，形成顶撑，墙前缓慢提高地下水位，最后再逐步停止板桩墙后的降水。

4. 拉杆预应力

拉杆的预应力大小对板桩墙产生的位移也有一定的影响。在实际的施拉和监测过程中，当拉杆安装后在自重的作用下，已经产生一定拉力，若施加的预应力过小，此时通过外观检查会发现拉杆的挠度很大，当墙土方开挖时，拉杆首先带来部分位移。因此，在施工中应该根据现场检测情况适当提高拉杆的预应力。

此外，根据理论计算，板桩墙最终会不可避免地产生位移，在施工过程中，宜将板桩墙体预先向后平移理论位移的距离，以便更好地达到设计效果和使用功能。

6.5　本 章 小 结

本章针对高挡土板桩墙结构，介绍了挡土板桩墙的施工流程；总结分析了板桩墙施工中的要点，包括施工前降水质量要点、拉杆安装质量要点、锚碇结构施工要点、墙前土方开挖要点以及墙后土方回填要点；提出了挡土板桩墙施工不同阶段的降排水措施。

参 考 文 献

[1] Gransberg D D，Basilotto J P. Cost engineering optimum seaport capacity[J]. Cost Engineering，1998，40（9）：28-32.

[2] 陆南辛，王俊勇，刘晓曦，等. 板桩不同施工方法的受力形状研究[J]. 水运工程，2012，6：37-42.

[3] 顾明如，田俊. 拉锚式结构干船坞工程坞墙位移的分析和控制[J]. 船海工程，2007，36（5）：146-148.

[4] 杜文杰，鲁高群，李振存. 基于力学分析的预应力锚索桩板墙施工工法研究[J]. 公路工程，2011，36（4）：158-160.

[5] 彭鑫，杨桂根，熊英建，等. 某船坞陆上混凝土板桩施工问题原因分析及对策[J]. 湖南交通科技，2014，40（4）：134-137.

第7章 高挡土板桩墙的施工监测设计

施工监测作为科学研究的一种重要手段，通过在结构物施工过程中埋设相应观测仪器，直接获取实际工程结构施工期的工作特性信息，在土木工程施工中有着十分重要的作用。它一方面可作为工程建设预测和评估的依据，以保证工程结构物建设期的安全与稳定；另一方面为工程设计与优化提供有价值的第一手实测资料。现场监测技术已被广泛应用于各种土木建筑工程中，如路桥工程、基坑工程、水运工程等，针对不同的工程，现场监测的侧重点各不相同。水运工程现场施工监测以结构物施工过程不同阶段作为观测和研究对象，借助科学仪器、设备，运用先进的监测手段，掌握结构物与地基土层、周边环境相互作用以及结构物本身的变形、位移、内力、地下水位和土压力及孔压等随施工过程变化的实时信息，为科研设计、施工安全评估提供第一手资料。

7.1 泰州引江河第二期工程二线船闸监测方案设计与特点

7.1.1 观测内容

与常规安全监测不同，本工程旨在通过原型观测，探讨新型高挡土板桩结构与地基土的相互作用机理，其观测重点为墙体的土压力分布规律、拉杆内力变化规律、墙体变形等。根据 2.1 节（影响板桩墙设计的主要因素），设计的具体观测内容为：①锚碇点位移、泥面位移；②结构侧向变形；③板桩墙与锚碇桩竖向钢筋应力；④板桩墙与锚碇桩混凝土应变；⑤板桩墙弯矩；⑥板桩墙土压力；⑦拉杆拉力；⑧板桩墙周围地下水压力变化。

7.1.2　观测断面与仪器布置

泰州引江河第二期工程二线船闸施工阶段共布置了 3 个观测断面，船闸闸室断面选在 10#和 11#闸室段之间，选择该断面的原因主要是两个靠船墩中点在 10#和 11#闸室段之间，其距离 L 形马牙槎最远，为侧向刚度最小的闸室段分次浇筑接头部位。在该断面的闸室墙内和锚碇桩内分别埋入测斜管、钢筋应力计和混凝土应变计，监测其不同高程的侧移及内部应力状态，并监测该断面区域的拉杆内力和墙后土压力。根据结构受力情况和现场施工条件，在观测断面的锚碇平台内外侧桩内每隔 3.5m 高程安装一组钢筋应力计和混凝土应变计直到钢筋笼底部–8.5m 高程，因为板桩墙为该结构系统的主要受力构件，所以安装的仪器较锚碇桩多一组，为每 3m 安装一组钢筋应力计和混凝土应变计，直到–11.0m 高程；锚碇桩和板桩墙中的测斜管都是一直安装到结构的最底部，安装测斜管时十字槽口要垂直于板桩墙；仪器布置见表 7-1、图 7-1～图 7-3。在离观测断面最近的三根拉杆上布置拉杆内力计，观测该区域拉杆内力变化，见图 7-4。下游导航墙的监测断面在 1#和 2#墙的接头部位，其观测仪器的埋设和闸室段相同。

表 7-1　观测断面、观测位置及观测内容

观测断面	观测位置	孔隙水压力计/孔	测斜管/孔	土压力计/个	钢筋应力计/个	混凝土应变计/个	拉杆内力计/个
闸室左侧	板桩墙	1	1	5	9	9	6
	锚碇桩	1	1	—	16	16	
闸室右侧	板桩墙	1	1	5	11	11	6
	锚碇桩	1	1	—	16	16	
侧墙	板桩墙	1	1	5	9	9	8
	锚碇桩	1	1	—	16	16	

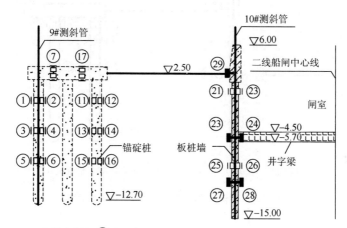

图 7-1　闸室左侧仪器布置断面图（单位：m）

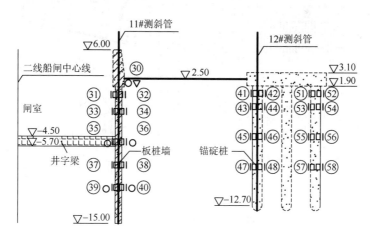

图 7-2　闸室右侧仪器布置断面图（单位：m）

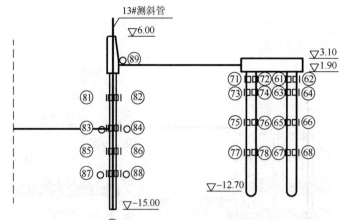

图 7-3　下游引航道侧墙段仪器布置断面图

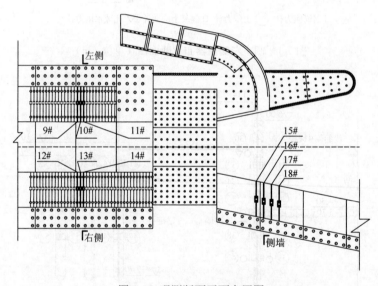

图 7-4　观测断面平面布置图

7.1.3　观测仪器

移动式测斜选用了专用测斜管和新科伺服加速度式测斜仪，拉杆观测选择了 VWS-10F 型高精度应变计，土压力传感器采用 VWE-0.6 型土压力盒，测量钢筋应力的钢筋应力计选用 VWR-20 型（智能识别），主要监测仪器及型号见表 7-2。

表 7-2　主要监测仪器及型号

序号	监测项目	一次设备		二次仪表
		名称	型号	
1	桩墙侧向变形	测斜管	专用铝塑管	伺服加速度测斜仪
2	桩墙竖向钢筋应力	钢筋应力计	VWR-20	振弦频率仪
3	桩墙竖向混凝土应变	混凝土应变计	VWS-10	振弦频率仪
4	拉杆拉力	拉杆应变计	葛南 VWS-10F 型应变计	振弦频率仪
5	土压力	界面式土压力计	VWE-0.6	振弦频率仪

7.1.4　观测仪器埋设与安装

土压力计、拉杆应变计、钢筋应力计和混凝土应变计及测斜管的埋设与安装方法分述如下。

1. 土压力计埋设

界面式土压力计的埋设方法较多，主要是根据现场实际情况选取。对于本工程中的板桩墙结构，由于墙深达 10～20m，为现浇钢筋混凝土结构，其埋设方法受到限制。目前国内常用的方法为"挂布法"[1]，国外常用液压式顶出法。本章采取拥有自主知识产权的活动支杆扩张法[2]。

挂布法是目前国内应用最广泛的界面式土压力计安装埋设方法，它预先在钢筋笼外围安装编织布，在编织布外侧按设计要求深度固定好土压力计，土压力计的受压膜朝外对准泥面与挂布呈平行状态，信号线放在挂布内并固定在挂布上。挂布可选用土工布，要求透水性能好，并且有足够的强度。钢筋笼下放前要仔细检查一遍仪器，下钢筋笼后利用混凝土浇筑时的外挤力，将挂布及土压力计压紧于墙壁侧土面。

挂布法安装埋设工艺简单，费用低廉，但是影响测试结果因素较多，无法保证土压力盒的埋设质量。影响挂布法的主要因素有：①土压力盒的受压面难以与墙面保持平行，板桩墙侧壁由于成孔时槽壁不光滑，局部还有塌孔存在，砂土层时尤为明显，土压力盒受压面的方向取决于槽壁接触面方向；②土压力盒难以紧贴墙壁，板桩墙上的土压力应为墙侧壁的土压力，挂布法埋设的土压力盒在挤压移动过程中所受的外力为混凝土的外挤力，首先外挤力有可能不足以将土压力盒推至槽壁，致使土压力盒滞留于混凝土中，其次在外推挤过程中会改变土压力盒的位置与方向；③挂布的安放问题，挂布在钢筋笼安装过程中也会因槽壁的阻力而改变土压力盒的位置与受压面的方向。

液压式顶出法安装需要专用的顶出式结构，一般用于进口土压力盒的安装。液压式顶出法安装精度高，能保证仪器的垂直度，是一种理想的安装方法。但安装附属结构造价昂贵，一般工程难以接受，只能适用于大型重点工程的重点监测断面，限制了其推广应用。

本工程土压力盒的埋设首次采用新方法——活动支杆扩张法[2]。

该方法由简单的钢导杆、连接土压力盒底座的套筒和撑杆组成，制作简单，成本低，安装便利。最重要的是借助该套装置，可在板桩墙施工过程中完成土压力盒的埋设，无需烦琐的辅助浇筑，也无需等到整个施工结束后再开孔埋设，简单可行且节约时间。根据现场实测数值，使用这套装置安装板桩墙侧向土压力盒测值准确，能够满足板桩墙土压力监测的需要。

该板桩墙侧向土压力盒埋设装置，将土压力盒底座和套筒通过螺栓相连，然后在套筒上套上弹簧和圆形滑块，再将套筒套于固定在钢筋笼中的主轴上，最后在圆形滑块上装上斜撑。当钢筋笼放入坑槽后，张拉系于斜撑交点的钢丝拉线，使撑杆推动套于套筒上的圆形滑块压缩弹簧，弹簧推动土压力盒及套筒顶入板桩墙侧面的土体中；撑杆末端的齿形块和锁定块组成了分级锁定装置，该锁定装置可使撑杆锁定于不同角度，从而满足不同要求的顶推距离。

通过钢拉线的张拉力改变撑杆夹角，使三角形的一条边变长，从而推动土压力盒顶入板桩墙侧面的土体中。图 7-5 为该埋置方法的工作原理图。图 7-6 为该埋置方法的力学简图。假设撑杆交于 O 点的初始夹角为 α，在拉力 F 作用下，交于 O 点的撑杆夹角变为 β，图中各部件的受力和位移关系如下：

$$d = s - x \tag{7-1}$$

$$s = b[\sin(\beta / 2) - \sin(\alpha / 2)] \tag{7-2}$$

$$T_1 - T_0 = Kx \tag{7-3}$$

式中，d 为土压力盒移动距离，m；s 为圆形滑块前进距离，m；x 为弹簧的变形量，m；b 为撑杆长度，m；T_0 为左右撑杆在 O 点交角为 α 时弹簧的弹性恢复力，N；T_1 为左右撑杆在 O 点交角为 β 时弹簧的弹性恢复力，N；K 为弹簧的弹性系数，N/m。

本埋设装置可使埋设的土压力盒成活率高，埋设深度不受限制，定位准确，安装成本低；利用该装置埋设的板桩墙侧向土压力盒测量数据真实、准确，规律性及相关性好。装置设计合理，可在相关工程中推广使用。

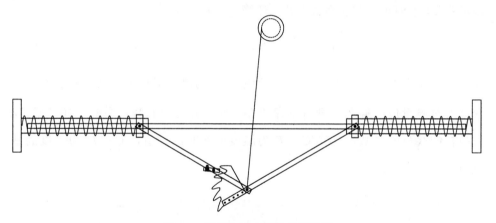

图 7-5　新型土压力埋设装置简图

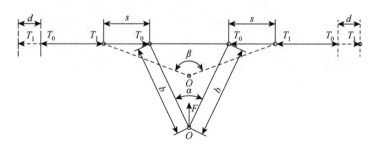

图 7-6　新型土压力埋设装置力学简图

2. 拉杆应变计埋设

拉杆应变采用 VWS-10F 型应变计进行测量，这是目前国内最先进的仪器之一，精度和灵敏度都非常高。安装前在待测拉杆左右安装部位打磨一个安装面，将标准棒连端的固定片焊接在该部位，然后换上应变计并将其压紧，测量初值，最后在施工过程中测试记录拉杆截面的应变变化情况，然后根据测量出的拉杆应变，再乘以弹性模量得到该截面的应力，最后再乘以该截面积反算拉杆的拉力。在板桩墙和后锚碇板之间的拉杆上安装拉杆应变计，如图 7-7 所示。

拉杆应变计受到轴向变形时，其应变量 ε_m 与输出的频率模数 ΔF 具有线性关系，用于长期监测时还要考虑温度的影响，此时的温度修正系数为应变计的温度修正系数与拉杆的线膨胀系数之差，计算的一般公式为

$$\varepsilon_m = k\Delta F + b'\Delta T = k(F - F_0) + (b - \alpha)(T - T_0) \qquad (7\text{-}4)$$

式中，ε_m 为拉杆的应变量，10^{-6}；k 为应变计的测量灵敏度，$10^{-6}/\text{Hz}$；F 为应变计实时测量值；F_0 为应变计的基准值；b 为应变计的修正系数，$10^{-6}/℃$；α 为拉杆的线膨胀系数，$10^{-6}/℃$；T 为温度的实时测量值，℃；T_0 为温度的基准值，℃。

图 7-7　拉杆应变计安装

3. 钢筋应力计和混凝土应变计安装

在钢筋笼放入地下前，按标注的纵向位置将钢筋应力计成对焊在钢筋上，焊接过程中必须保证钢筋应力计与钢筋同心，并测量初值。在对应的钢筋应力计附近的钢筋上绑扎混凝土应变计，必须保证和钢筋平行，具体安装图如图 7-8 和

图 7-9 所示，其测试原理和拉杆应变计类似。

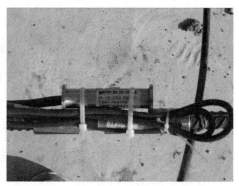

图 7-8　钢筋应力计安装图　　　　图 7-9　混凝土应变计安装图

4. 测斜管埋设

在板桩墙、灌注桩和锚碇桩内埋设测斜管及沉降观测点，监测其在施工期的不同高程水平位移情况。这一变形参数可评估墙体和桩体的整体稳定性及结构的安全性。墙体和桩身的不同高程水平位移，通常采用测斜仪进行监测。

在基坑施工变形监测工作中，地表及地上结构物的变形监测因其在施工过程中是持续可见的，测量其变形和位移相对简单。但是，对于板桩墙、深层土体、灌注桩等地下隐蔽结构物的变形监测要困难得多，目前工程中采用较多的是预先埋设测斜管，使得测斜管和所要测量的板桩墙、土体、灌注桩等同步变形，通过在施工时定期测量测斜管的变形来获取不同深度处的水平位移，该方法具有施工方便、操作简单、对施工干扰小的优点，只要严格控制测斜管埋设时的质量，就可以保证后期监测数据的可靠性。

测斜的第一步是设定基准点，变形观测的基准点一般设在测斜管的底部。当被测结构产生变形时，测斜管轴线产生挠曲，用测斜仪确定测斜管轴线各段的倾角，结合测斜探头 0.5m 的固定长度，便可计算出土体的水平位移。当测头的敏感轴与基准轴（地球的重力轴）有一个角度时，测头中的加速度计就有一个输出值 U，如式（7-5）所示：

$$U = A + Kg\sin\theta \tag{7-5}$$

式中，A 为加速度计的偏值（零偏）；K 为加速度计的标度因数；g 为重力加速度；θ 为倾斜角。

图 7-10 为测斜原理示意图。图 7-11 为采用的 CX-06A 型测斜仪。

为了消除加速度计零偏的影响，在测试时采用正反两次测试，例如，分别在东西两方向上进行测试，可以先测试东方向上的数据，记为 U_1，再进行西方向上的测试，记为 U_2，将 $U_1 - U_2$ 得到

$$U_1 - U_2 = 2Kg\sin\theta \tag{7-6}$$

从图 7-10 中可以看出：

$$\sin\theta = \Delta_i / L \tag{7-7}$$

式中，L 为导轮轮距，本工程采用仪器为 500mm；Δ_i 为水平位移，mm；θ 为倾斜角。

综合式（7-6）和式（7-7）可以得到

$$\Delta_i = (U_1 - U_2)L / (2Kg) \tag{7-8}$$

对于一个测孔，在确定的方向上，各测试点的位移总和即为

$$\Delta_{总} = \sum \Delta_i \tag{7-9}$$

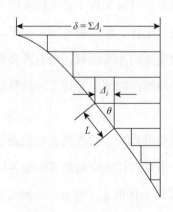

图 7-10　测斜测量原理图　　　　　图 7-11　CX-06A 型测斜仪

在结构体内布置变形观测管，管口加保护盖。在钢筋笼下放前埋设测斜管是用绑扎法将测斜管固定在钢筋笼上，调整测斜管十字测槽方向平行或垂直于位移方向，钢筋笼放入后进行 1 次初测，初测结果正常后方可进行混凝土浇筑。测量时，移动式测斜仪每 0.5m 设 1 个观测点，每次测量时每个测点平行测读 2 次，同一观测方向正反各测 1 次，以减小测斜时产生的误差。

7.2　泰州引江河第二期工程二线船闸板桩墙施工期主要监测结果

7.2.1　施工期典型阶段测试结果概述

本工程原型观测共布置了 3 个断面，由于三个断面观测项目及结果类似，同时为节省篇幅，只对其中的闸室左侧典型断面进行测试结果分析。测试整理的典型阶段为：2014 年 2 月 12 日，闸室观测断面开始施工，此时闸室内土体顶部高程为–1.0m，如图 7-12（a）所示；3 月 1 日闸室内开挖到底高程–5.7m，如图 7-12（b）所示；3 月 15 日底板施工基本完成，同时左右闸室墙后填土完成，此时底板高程为–4.5m，如图 7-12（c）所示。图 7-13～图 7-16 为各时期现场典型照片。最后一个典型期为 5 月 30 日，此时工程已全部施工完成。

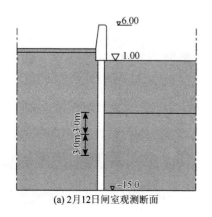

(a) 2月12日闸室观测断面

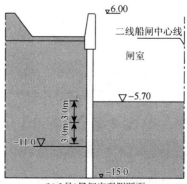

(b) 3月1日闸室观测断面

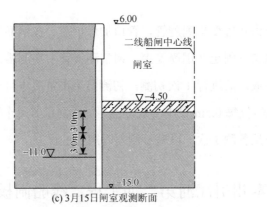

(c) 3月15日闸室观测断面

图 7-12　闸室断面施工过程示意图（单位：m）

图 7-13　2014 年 2 月 12 日闸室开始开挖

图 7-14　2014 年 3 月 1 日闸室开挖结束

图 7-15　2014 年 3 月 15 日闸室底板施工结束

图 7-16　2014 年 5 月 30 日闸室施工完成

7.2.2　闸室墙和锚碇桩侧向变形

闸室墙与锚碇承台的位移，采用移动式测斜仪进行观测，位移均以指向闸室内为正，不考虑沿闸室墙方向的纵向变形。截至 2014 年 8 月 15 日，左侧闸室墙与左侧锚碇承台侧向变形见图 7-17 和图 7-18。

观测结果表明，闸室结构位移变化主要发生在 2014 年 2 月 12 日~2014 年 3 月 15 日，3 月 15 日以后结构变形基本稳定，2 月中旬至 3 月中旬为观测断面闸室开挖及闸室墙后填土期。下游引航道结构变形主要发生在 2014 年 3 月 20 日~2014 年 4 月 9 日，其后变形基本稳定，此期间为观测断面区域墙后填土和墙前开挖期。通过对得到的测斜数据分析可以发现，施工填土产生的墙前后土压力变化是导致墙体变形的主要因素。

截至 2014 年 5 月 29 日，左侧闸室锚碇平台顶点水平位移为 16mm（向闸室内位移为正），见图 7-17，该值和 2014 年 3 月 15 日该闸室断面刚施工完成时相比基本没有变化。截至 2014 年 5 月 29 日，左侧闸室墙顶点水平位移为 28mm（向闸室内位移为正），见图 7-18，该值和 2014 年 3 月 15 日该闸室断面刚施工完成时顶点水平位移 30mm 相比略有回弹，总体来讲，施工完成以后，闸室顶点位移变化不大。

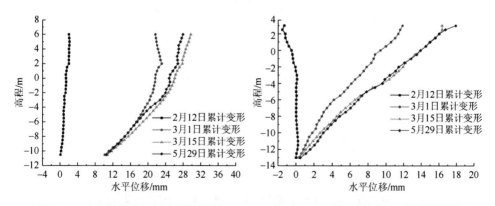

图 7-17　左侧闸室墙 10#测斜管测值　　　图 7-18　左侧拉锚平台 9#测斜管测值

7.2.3　拉杆内力

从 2014 年 1 月 1 日（拉杆应变计安装）到 5 月 31 日，闸室左侧观测断面拉杆 9#、10#、11#内力变化观测结果见图 7-19。

观测结果表明，从 2014 年 1 月 1 日至 2014 年 2 月 9 日观测断面拉杆内力基本没有发生变化。从 2014 年 2 月 9 日至 2014 年 2 月 26 日是拉杆内力的一个快速增加期，拉杆内力平均增加了 372kN，而这一时期正是观测断面内闸室土体开挖的时期，从 2014 年 2 月 26 日以后拉杆内力基本稳定。根据观测结果用材料力学公式估算得，拉杆在拉力作用下的拉伸长度平均为 7.3mm，加上拉锚平台 20mm 的水平位移，得到拉锚端（2.5m 高程）闸室墙的位移为 27.3mm，最终通过测斜结果得到闸室顶 6.0m 高程处水平位移，左侧位移为 30mm。图 7-19 中，9#拉杆在 3 月 10 日~3 月 12 日发生了 186kN 的突变，而 10#、11#杆数值未发生较大变化，现场观察发现 9#杆北侧闸室段处于填土期，9#拉杆拉力的增加由其上部填土所致。

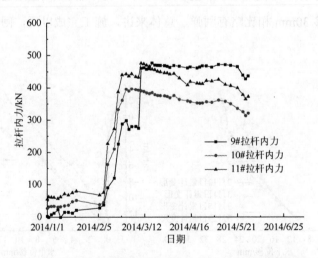

图 7-19　闸室左侧观测断面拉杆 9#、10#、11#内力变化图

7.2.4 土压力

土压力的监测是利用土压力盒来进行的。图 7-20 为左侧闸室墙 2014 年 1 月 1 日至 5 月 31 日的土压力监测结果图。从图中可以看出，土压力值在 2 月 12 日到 3 月 1 日发生较大变化，随后除了闸室内侧高程–11m 处的 28#土压力外，其余土压力盒均发生一定的回缩，这是由于 28#土压力在闸室内，随着开挖结束，底板浇筑完成，墙后填土以底板为支点发生杠杆效应。

为了更好地分析墙后填土和闸室内土体开挖对作用于闸室墙的土压力影响，图 7-21 给出了典型工况下左侧闸室墙外侧土压力随高程的变化图。从图 7-21 中可以看出，2014 年 3 月 1 日闸室墙后土压力发生很大卸荷，表明闸室开挖使墙向闸室内侧偏移，墙后土压力由被动转向主动，且在–11.0m 高程处土压力变化最大，这说明此处墙体依然是向闸室内侧偏移。分析 3 月 14 日以后监测结果可以发现，不同高程的土压力较 3 月 1 日增加量基本相同，该土压力的增加主要是由墙后 3.0～6.0m 高程范围内的填土所致。从 2014 年 3 月 14 日到 5 月 28 日，闸室底板以上土压力下降，以下土压力增加，说明墙体存在绕底板转动的效应，进一步表明底板撑梁的优势，验证了设计的合理性。

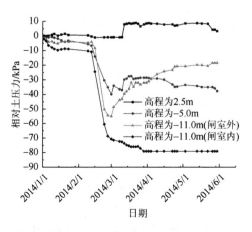

图 7-20　左侧闸室墙土压力变化图

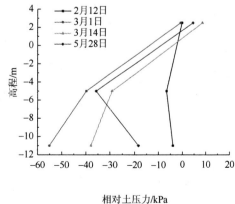

图 7-21　不同高程左侧闸室墙后土压力变化图

7.2.5　竖向钢筋应力

板桩墙在我国多应用于支护结构与防渗墙，通常是通过墙体应力来判断结构的受力情况。与工程应用相比，板桩墙结构的计算理论和测试技术还很不完善，尤其是对深板桩墙测试技术的研究，目前国内才开始起步[3]。观测桩与墙体竖向钢筋应力可以判别结构受力状态，理论上还可以计算出墙体与桩体的内力[4]。

截至 2014 年 3 月 15 日，观测断面闸室墙及拉锚桩两侧典型位置的竖向钢筋应力变化以及对应位置的混凝土应力变化观测结果见图 7-22～图 7-27。

图 7-22～图 7-25 分别表示左侧闸室墙高程为-2.0m、-5.0m、-8.0m、-11.0m四个位置处的钢筋混凝土应力，比较这四幅图可以看出，各高程处内侧桩的钢筋混凝土应力变化规律基本相似，高程-11.0m、-8.0m 处的应力较小，特别值得注意的是在高程-5.0m 处，墙的应力在 3 月 15 日以后均出现了较大的突变，这是因为此时底板浇筑完成，底板钢筋混凝土达到一定强度后对闸室墙体产生了支撑作用，而闸底板恰好位于-5.0m 高程处，此处由于底板的支撑作用，应力状态变得复杂，不再是单向应力状态。

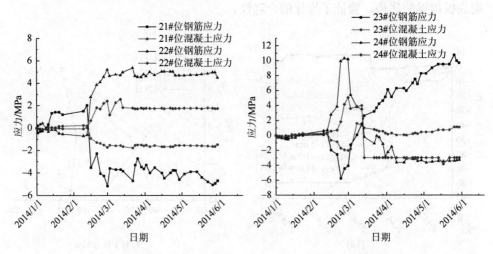

图 7-22　左侧闸室墙钢筋混凝土应力变化图　　图 7-23　左侧闸室墙钢筋混凝土应力变化图
　　　　　　（高程-2m）　　　　　　　　　　　　　　　　（高程-5m）

图 7-26、图 7-27 分别表示左侧拉锚平台外侧桩和内侧桩高程为–1.5m 位置处的钢筋混凝土应力。比较图 7-26 和图 7-27 可以看出，桩的钢筋混凝土应力变化规律和闸室墙基本相似，应力均自 2014 年 2 月 12 日施工开始时逐渐增大，在 3 月 15 日前后底板施工结束时应力达到最大，其后保持稳定或略有减小。但外侧与内侧桩不同的是，在后续时间内应力变化较大，大部分测点的应力值出现不同程度的减小趋势，分析认为：由于桩周围土体在持续荷载作用下产生变形，拉锚平台下的三排桩会出现内力重分配，外侧桩受力会有所减小。

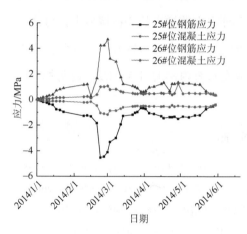

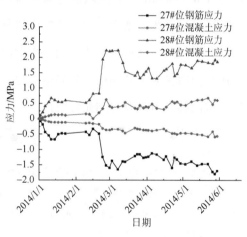

图 7-24　左侧闸室墙钢筋混凝土应力变化图（高程–8m）　　　　　图 7-25　左侧闸室墙钢筋混凝土应力变化图（高程–11m）

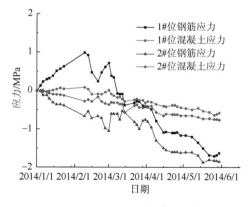

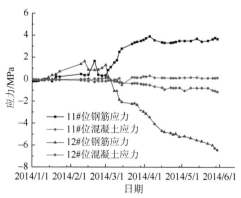

图 7-26　左侧拉锚平台外侧桩钢筋混凝土应力变化图（高程–1.5m）　　　　　图 7-27　左侧拉锚平台内侧桩钢筋混凝土应力变化图（高程–1.5m）

7.3　本　章　小　结

对比墙体位移、拉杆内力、钢筋应力和土压力等监测结果，发现四者之间具有较好的一致性，监测结果准确地反映了施工阶段拉锚板桩墙结构的内力与变形的变化情况。主要观测结果如下：①在土体填筑和开挖过程中，闸室板桩墙、下游引航道向中部弯曲，锚碇桩表现为顶部弯曲，闸室井字梁的浇筑有效地限制了墙体–6.0～–4.0m 高程区域的侧向位移；②随着闸室内侧土体不断开挖，拉杆内力的增加幅度明显增大，井字梁的浇筑使拉杆内力的增大趋势在墙后土体再次回填时明显减弱；③通过对比不同高程的内外侧拉锚桩应力可以发现，内侧拉锚桩拉压应力明显大于外侧桩，外侧钢筋拉压应变只有内侧的 1/3～1/2，说明外侧拉锚桩抗侧移作用没有得到充分发挥。

参 考 文 献

[1]　陈作华，房彦梅，殷云萍. 云州水库混凝土防渗墙观测仪器埋设新技术[J]. 北京水利，1995，（3）：33-35.

[2]　孙立国，杜成斌，顾明如，等. 一种地连墙侧向土压力盒埋设装置[P]：中国，ZL201510150336.0. 2015.

[3]　志斌，蔡正银，王剑平，等. 遮帘式板桩码头原型观测技术研究[J]. 港工技术，2005，（S1）：56-59.

[4]　焦志斌，刘永绣. 地下连续墙测试中弯矩的计算方法探讨[J]. 岩土工程学报，2006，28（S1）：1485-1488.